科学実験対決漫画

実験対決

㊾ 進化の対決

科学実験対決漫画

実験対決

㊾ 進化の対決

文：ストーリーa.　絵：洪鐘賢

目次

登場人物

ウジュ

所属：韓国代表実験クラブBチーム

観察内容・アメリカチームの策略によって極度の混乱に陥った少年。
・衝撃的な言葉を残し、どこかに姿を消してしまう。

観察結果：混沌とした状況の中で苦しみながらも新しい自分を見つけ、自分とチームが進化する道を選択する。

ウォンソ

所属：韓国代表実験クラブBチーム

観察内容・対決の勝敗よりもっと大事なものが何なのかをよく知っている。
・動揺するチームメイトのため、何も言わずに心強い支えになってくれるリーダー。

観察結果：チームメイトが自ら問題を解決し、さらに成長できるようサポートする。

ラニ

所属：韓国代表実験クラブBチーム

観察内容・チームメイトに対する愛情と関心が誰よりも強い少女。
・ウジュの気持ちについて、もう一度真剣に考えてみる。

観察結果：消極的な態度を捨て、積極的に行動することで、実験をリードしていく。

ジマン

所属：韓国代表実験クラブBチーム

観察内容・消えたウジュを捜すために血眼になって対決会場を走り回る。
・実験で自分の役目を誠実に果たす少年。

観察結果：実験を通じて真のチームとは何かに気づき、さらに一段階成長する。

トーマス

所属：アメリカ代表実験クラブチーム

観察内容・国際実験オリンピックで優勝することだけを目標にして、チームを率いるリーダー。トムの愛称で呼ばれている。
・対決で勝つためなら、チームメイトに犠牲を強いることもある。

観察結果：強力なカリスマ性はあるが、チームメイトの気持ちを気づかう繊細さに欠ける。

その他の登場人物

❶ 対決会場のあらゆる場所を知り尽くしているチョン・ジェウォン。

❷ ウジュに対する義理と友情を守ったカンリム。

第1話 強い者だけが生き残れる？

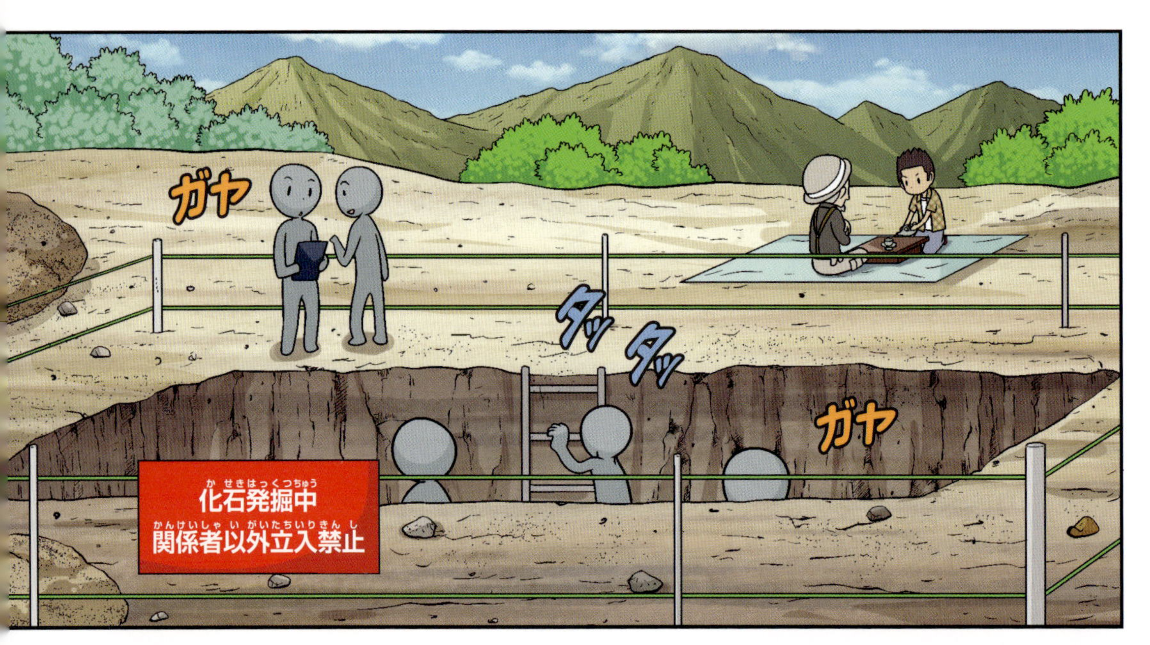
ガヤ
タッ
タッ
ガヤ
化石発掘中
関係者以外立入禁止

コポ
コポ

コポ
コポ

その盃はあふれることを警戒せよという意味を持つ戒盈盃だ！ お茶を盃の７割以上入れると、盃の穴からお茶が全部漏れるんだ。
戒
いましめる カイ
盈
みちる エイ
盃
さかずき ハイ
７割……！
ピタッ

ゴボッ
チョロロ

ウワア～！
止めようと
思ってたのに……。
全部
こぼれちゃった!!
ビクッ

師匠、これは
戒盈盃が
怒ったんじゃ
なくて科学
ですよ！
ガタッ

すなわち、過ぎた欲を警戒せよとの意味！ これでわかったか？
お前が化石発掘作業に参加するというのも欲があるからだ。お前の欲に戒盈盃が怒ったようだ！
エッヘン
ウウッ

戒盈盃の原理
❶
❷
戒盈盃の中央には逆U字形の通路になった柱があります。その柱は盃の底の穴とつながっていて、お茶をいっぱい入れると＊サイホン作用が働いて、お茶が穴から漏れてしまうんですよ。
ニヤッ
❶お茶を７割未満注ぐ場合
盃と柱の内部圧力が同じなのでお茶が漏れない。
❷お茶を７割以上注ぐ場合
盃の内部の圧力が柱内部の圧力より大きくなって穴からお茶があふれ出す。

それを知っていながらお茶をそうやって注いだというのか？
さあ、次は私の番だ。よく見なさい。
ギリギリで止めるから！
チッ
チッ
たら〜

私が成功したらこれ以上ココでウロチョロせずに帰るんだぞ！
キリッ
チョロロ
そ、それは成功してから言ってくださいよ。
そんなにゆっくり注いじゃダメですよ……。

＊サイホン作用：圧力と重力によって、液体が一度高いところを経由してから低いところに流れる現象。

ナミ
ナミ
ビクッ
チャッ チャッ
チャッ
イェイェイェ〜
パン
パン
イェイ!
イェイ!
パン
パン
ブルッ
ブルッ
ジャアアッ

オ〜!!
こぼれた!
引き分けだね!!
対決中は
スマホの電源を切る
もんじゃろ!!!
ブルッ
ブルッ

ギャハ
もしもし! 誰か知らないけど
ありが……、あれ? ウジュ?
どうした?
あれ?
記事?
なんて
やかましい
着信音だ!!
ピッ

あれ!? 韓国Bチーム、カップル誕生?
どうして記事がこんな内容に?
韓国Bチーム、カップル誕生!? ウォンソとラニ
あの記事、お前が書いたのか?

ど、どうしてわかった?
ビクッ
イヤ! 僕は頼まれて記者を紹介しただけだ!
頼んだのは……、トム?
ガミ
教えろ! トムは有力な優勝候補だろ! 自信満々に僕らのチームをあざ笑ったくせに、何のためにこんな卑怯なことをするんだ!?
ガミ

注）遺伝子に優劣はありません。
31ページをご参照ください。

ガシャン
それは……、優れてない人間は生き残る資格がないということ？優れた遺伝子同士ひかれあうのが当然だって？そんなことが生存戦略!?
クルッ
じゃあ、人間は獣やロボットと何が違うんだ!?
ウジュ!!!
エッ……？

ウジュ……。
僕は絶対認めない。人間は生存のためだけに生きるワケじゃない。僕が生きる理由は……!!
オイ、ウジュ！勘違いするな!!

来ないで!!
それ以上
近づかないで。
ザッ
ピタッ

優れた人間に
なるためでも
ないし……。
どうしたの？

相手の気持ちを
踏みにじってまで勝ちに
こだわることでもない！
それが勝ち残るということ
なら……。

僕はやめる。
ドン

ワァァ――
合計79.5対83点で……、
イギリスチーム
韓国Aチーム
79.5
83
韓国Aチームが国際実験オリンピックの決勝に進出します!!
ワァ
パチ
パチ
パチ
キャッ！勝った！

ガヤガヤ
緊張感のせいでまだ手から汗が出てる。
ドヤドヤ
本当にスゴい対決だった！

少し通らせて。

スタ
あれ、ウォンソじゃない？
スタ
そうだ!!
ウォンソ!!

対決まであと２時間ぐらいあるよね？ 僕、少しリズに……、いやイギリスチームにあいさつしてくる！
わかった。あとで控室で会おう。

うん。じゃ、あとで！
キャ～！
ウォンソ！
こっち見て！
スッ

カップル誕生？
何だこれ……？
ウォンソだ！
ウォンソ！！
ザワ
ちょっとどいて。
ザワ
キャー、
カッコいい！
ウォン……！
ヨロッ
ガシッ

どうしたの？
ザワ
ザワ

ウォンソとラニの
カップルだ！
カシャ
あの記事は
本当だったのか？
カシャ
カシャ
さすが
似合う～！
キャー
カシャ

ウォンソ、大変なの！
ウジュが
やめるって！！
何？

スゴくお似合いの
2人！
記事見たよ。
おめでとう！！
カシャ
カシャ

クルッ
君たち、いい加減にして！
あんなバカげた記事を
信じてるワケじゃないよね？

冷たい
反応ね。
フゥ
噂通り、本当に
トゲトゲしてる。
でも何か
カッコいいよね？
スタ
スタ
ウワ～
計画通りだな。
予想より大ごとに
なったけど……。

ウォンソ、早く来て！
スタ
スタ
ウジュは部屋にいるの？
スタ
スタ

さっきから部屋にこもって出てこないの。ウォンソは鍵を持ってるよね？早く開けてみて！
ピッ
カチャッ

ウジュ !!
タッ

ガチャッ
ウジュ！ウジュ!!
どこなの？
スッ
シーン……

部屋にはいないようだけど……。
ハァハァ
一体どこに行ったんだろう？まさか会場の外に出たんじゃないよね？

荷物がそのままなのを見ると遠くには行ってないハズ。
荷物……？
スッ

こ、これは……。

スッ
ラニへ
ジマンへ

ラニへ
ラニが紙の船に乗って流された
湖の石ころだよ。ラニに似て
キラキラ輝いてるよね？
ラニ、怖いときは
僕を呼んで。
いつでも
駆けつけるから！
ジマンへ
ジマン！
対決初日のこと
覚えてる？ ウォンソのものだと
思って、僕がジマンの運動靴の
ひもやボタンを全部壊しただろ。
あのときは本当にごめん！

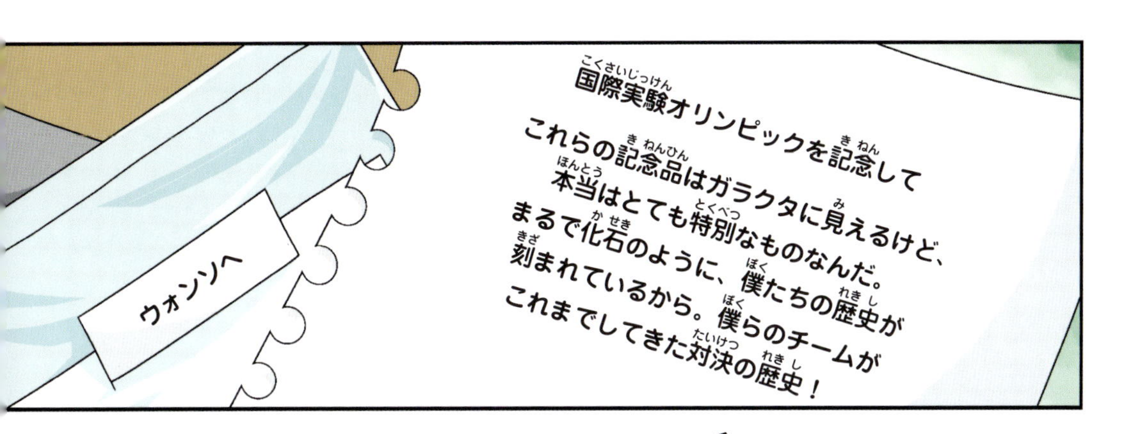
ウォンソへ
国際実験オリンピック
これらの記念品を記念して
本当はとても特別なものなんだ。
ガラクタに見えるけど、
まるで化石のように、僕たちの歴史が
刻まれているから。僕らのチームが
これまでしてきた対決の歴史！

ウォンソへ
彗星が落ちた日、
ウォンソが見つけてくれた隕石だよ。
ウォンソ、本当は僕のために
この隕石をスゴく苦労して
見つけてくれたんだよね？
僕は全部知っているんだ！
それを今返すね。

ギュッ
ラニへ

ああ……
ラニへ
ウジュを……、
早く見つけなきゃ！

見つけて
どうするの？
うん？
クルッ

ウジュを見つけて対決会場に連れていったとしても、あいつが気持ちを変えなければ何の意味もないよ。ただの抜け殻にすぎない。
ウジュは……、
ワナにかかった。
ガシッ

それで……、対決に出なかったら？

もしそうなったとしても……。
ゴクッ

あいつが決めたことだから仕方ない。
ウジュが自分でワナから抜け出さなきゃ……。
仕方ないって。そんな……。
ドン

違う！！！
僕、やめる。
パッ

ガチャッ

今回はウォンソが間違ってるわ！
私が迷ってムダな時間を過ごしてる間、ウジュは大切な時間を1人で守ってきたの。
私は今まで待っていただけ！もうこれ以上待つことも、待たせることもしない！

タタッ
タッ
ドッ
チームが……、バラバラだ。
フッ……
チームが1つになるのは長い時間がかかるけど、分裂するのは一瞬だね！
タッ

実験 遺伝形質検査

形や大きさ、性質など、生命体が持つ固有の特徴を「形質」といいます。形質は親から遺伝するものとそうでないものに分けられますが、そのうち親から遺伝する形質を「遺伝形質」といいます。えくぼや二重まぶた、耳たぶの形、舌を丸めることなどがすべて遺伝形質に属します。簡単な実験で遺伝形質を調べてみましょう。

注）必ずしも実験のように親の形質が遺伝するとは限りません。

❶ 鏡を見ながら舌を丸めてみましょう。

❷ 両親のどちらが舌を丸められるかを調べます。

❸ 舌を丸めることの他にも、耳たぶの形、えくぼの有無などを観察し、家族が持つ遺伝形質を調べます。

どうしてそうなるの？

「親の形質が子孫に伝わる遺伝」というのは、メンデルが発表した遺伝の法則です。19世紀、オーストリアの司祭で生物学者のメンデルは、エンドウ豆の交配実験を通じて、顕性（優性）と潜性（劣性）の概念を確立しました。丸いエンドウ豆（顕性の遺伝子同士が結合したもの）とシワのあるエンドウ豆を交配したところ、次の世代ではすべて丸いエンドウ豆になることが確認できました。この実験を通じて外に現れやすい形質を顕性、現れにくい形質を潜性といい、顕性と潜性の両方の形質がある場合には、次の世代で顕性の形質だけが現れるということが明らかになりました。しかし、人間の遺伝研究は多くの世代にわたる遺伝現象を観察するのが難しいだけでなく、自由な交配が不可能であり、環境の影響を多く受けるという点などで進めるのが非常に難しい研究です。したがって、人間の遺伝研究は実験のような遺伝形質が家族の中でどのように遺伝されているかを把握する家系図調査を主に利用しています。

優性（顕性）と
言っても、優れた遺伝子を
意味しないよ。表に現れ
やすいってことなんだ。

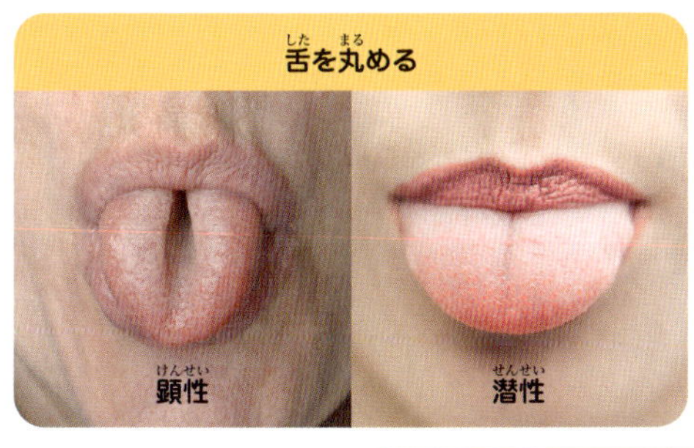

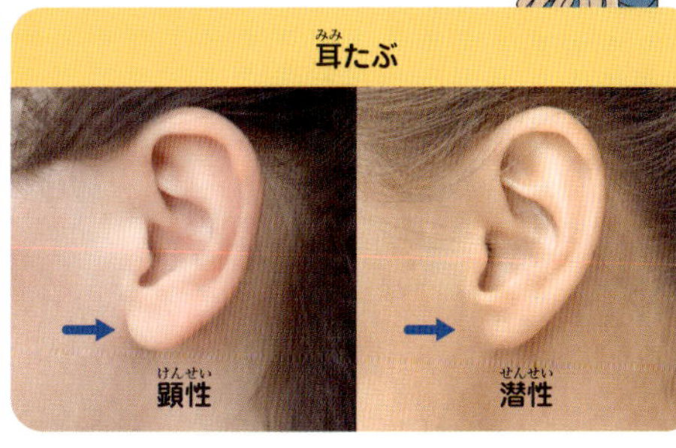

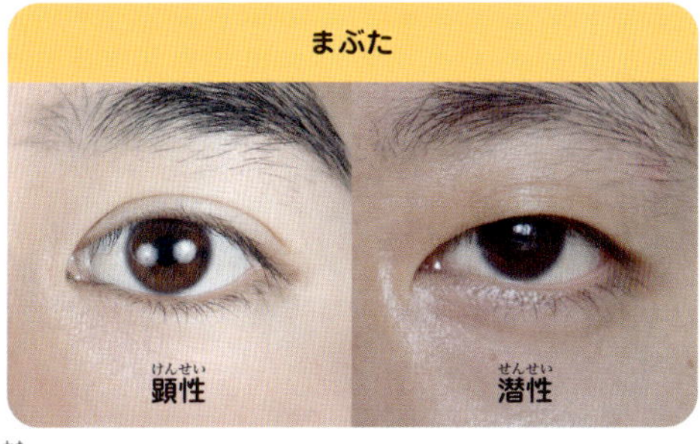

注）こうした分類に否定的な見方もあります。

第2話 進化の歴史を証明せよ！

スーッ
タッタッ
ウンウン
ウィーン

ガラガラ

フッ
カシャ

フフフ〜
僕が化石発掘現場にいることを
知ったら、みんな驚くよね？
#歴史的な化石発掘現場
#大事な役割を遂行中
#うらやましいかい？
チリン
ジェウォンさんの
メッセージが届きました。
タッ
タッ
タタッ
あれ？ ジェウォンが
どうして……。

ー緊急ー
ウジュが行方不明！
目撃したら連絡願う。
ゆ、行方不明～？
まさか……。あんな
記事のせいで！?
エッ

フラッ
コイツめ～!!
もうサボってるのか!?
石ころでも何でも運ぶ
って言うから、受け入れ
てやったのに！
ハッ!

サボってないです！
行きます、行きますよ！
ビューーン
ココに来るためにどんなに
苦労したか！ ウジュの名前
まで使ったのに……。
こんにちは！
僕はウジュの
親友のカンリム
です。
ウジュ？

ともかくウジュのヤツ……、
対決まで１時間もないのに
いなくなるなんて……。
しっかりせんか！
今回の化石の発掘は
新たな歴史の扉を
開くかもしれない
んだぞ！
ウッ……

知ってますよ。
化石は人類の進化を
明らかにするんですよね。
進化？

はい！ アウストラロピテクス、ホモ・エレクトゥスなど、原始時代の人類が明らかになったのも化石の発掘のおかげですよね。こうやって化石で存在が明らかになった人類を化石人類というんですよね～！
化石人類
直立歩行をする。
アウストラロピテクス
ホモ・エレクトゥス
ホモ・ネアンデルターレンシス
現在の人類
ホモ・サピエンス
コクッ
人類の進化と絶滅は自然な現象だ！ ウジュの失踪もまた僕のせいじゃない。ああ、そうだとも！

ウジュと親しいというのに、あいつとはまったく違うな。
フム
ヨイショ
当然ですよ～！ 僕とウジュではレベルが違います。

ウジュはトムの策略に理性を失ったけど、僕は違う！
ブルブル

あれ？ ココにあった……。
スタスタ

やめろ～!!!
ガラガラ

師匠？
ハッ
パラパラ
どうしたんで……

か、化石ですか？
その石が？
ええっ
コラッ!!!
やっと分離できた
化石を捨てるなんて
何考えてるんだ!?
ガバッ

よく見たら……、本当にマンモスみたい
ですね。でも、これを
ホモ・サピエンスが作ったの？
お前の目にはこれが
ただの石ころに見えるのか！
これはホモ・サピエンスが
作ったマンモスの
彫刻なんだぞ～!!
ウウッ

そう！ それにこの彫刻にはスゴい情報が含まれているんだぞ!!
大事
大事

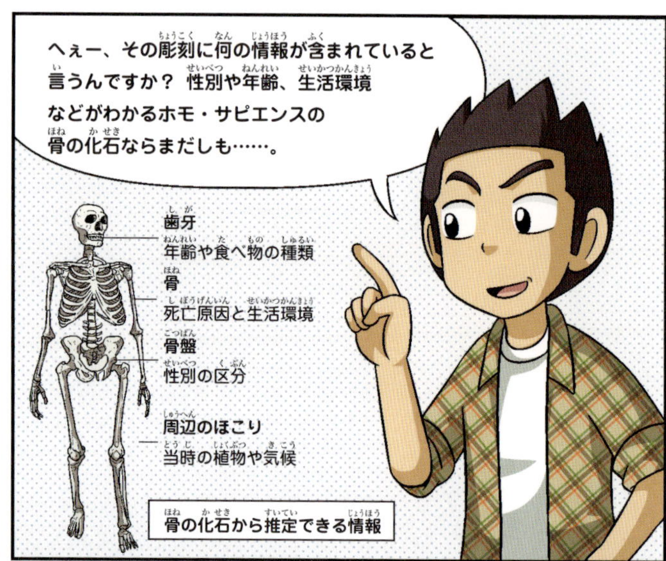

へぇー、その彫刻に何の情報が含まれていると言うんですか？ 性別や年齢、生活環境などがわかるホモ・サピエンスの骨の化石ならまだしも……。
歯牙
年齢や食べ物の種類
骨
死亡原因と生活環境
骨盤
性別の区分
周辺のほこり
当時の植物や気候
骨の化石から推定できる情報

それは単なる彫刻に過ぎないでしょ。
ハッ
な、何だと？

やはりお前はウジュとレベルが違って無知だな！
ピカッ

目に見えるものがすべてじゃないぞ！ この彫刻には、弱い人間が今日まで生き残ることができた理由が刻まれているんじゃ！

エエ!?
む、無知だって？
あんぐり

人類の生存とこの彫刻に何の関係があるんですか？ 人間が生き残れたのは、道具と火を使えたおかげでしょ！
人類が万物の霊長になれたのは道具と火だけのおかげではない。加えて目に見えないものがあったからだ!!
ㄱㄴㄷㄹ
A B C D
Ⅰ Ⅱ Ⅲ Ⅳ
1234
過去と現在、未来を区分し、それを結びつける象徴的思考！芸術を創造し、知識を伝えること！これらすべてが人間と動物の最大の違いだった。

ギクッ
ギリッ
愛と幸せ、義理と友情！このような目に見えないものがわれわれを最も人間らしくしてくれるんじゃ！
目に見えないものが真の人間らしさ……？

そうか！　ウジュは誰よりも目に見えないものを大事にしてたんだ。
義理と友情……!?
ドン
僕が手伝うよ！
それってスゴく面白そう！　僕と一緒にやろう！
カンリム、どうしたの？
ギュッ
今回は大目に見てやる。しかし、今度失敗したらそのときは本当に追い出す……。

人間らしくしなきゃいけないことを思い出して。
何？どこへ行くんだ？
クルッ

コトン
師匠、僕はこれで失礼します。

フフッ
人間なら
当然友達との義理を
通さなきゃいけないし……、

ギクッ
メラメラ
ズルいことをしたヤツには、
その過ちに気づかせることが、
本当に人間らしいことでは
ないでしょうか!?
トム、待ってろよ!
人間らしいってどういうことか
見せてやる!!
また明日
来ます!
初日からサボるのが
人間らしいことか!!

ブルッ
カンリム
ブルッ

カンリム……？
タッ
タッ

フウ、またカンリムなの？
本当に面倒～！ どうせ
また自分の自慢……。
うん？
ドイツ
ピヨ
ピヨ
ピロン
マダガスカル
メッセージが届きました。
カンリム
カンリム？

日本
またカンリム？
そうだけど……。
チリ〜ン

ロシア
これはどういうこと？
ジーッ

インド
ウジュ？韓国Bチームのあのウジュ？
ピロン

ルーマニア
オオ……!!
ブルッ

見つかった？
イヤ！ まったく見当たらない。
ゴクッ
タッ タッ
ジェウォン！ カンリムのメッセージ見たよね？
うん。でも、ウジュが見つからないとどうしようもない。

タッ タッ
タッ
みんな、ウジュ見つかった？
ハァ
ハァ

フリッ
フリッ

大変だ！
対決まで30分しかないのに……。
ハァ
ハァ
ハァ

私、もう一度実験室に行ってみる！
じゃ、僕は体育館！
図書館と食堂は僕らに任せて！
もう時間がないわ！
クルッ
急ごう！

みんな自分のことのように助けてくれてる！
ウジュがこのことを知ったらすぐ戻ってくるハズなのに！
あっ！ あそこはまだね。地下の秘密実験室！
あっ！
そういえば、屋上も！ 前、ウジュがそこで実験してたよね。

タッ
じゃ、私は秘密実験室に行ってみる！
タッ
タッ
僕は屋上！ ラニ、時間になったら控室に来て。もしかしたら、ウジュが直接来るかもしれないから！
タッ
タッ
タッ

図書館、屋上、
トイレ……。
たいていの
場所は探した
けど……。

それなら
残るは
1カ所だけ!!
ハッ

タッ
ウォンソ!!
タッ

ウジュがどこなのか
わかった。一緒にウジュの
所に行こう!
ジェウォン?
タッ
タッ
タッ

ジェウォンまで
巻き込まれてるの?
ウジュが自分で帰る
までほっとこう。
僕らが助けると、
あいつはまた同じ
ワナにハマるよ。

イヤ！ 辛いときはお互いに助け合って、
悲しいときは一緒に泣いて、
嬉しいときは一緒に笑えばいいさ！
ウジュが僕らにそうしたように。
スーッ

じゃ、そのときはまた助けてあげればいいんだよ！
毎回誰かが助けられるワケじゃない。自分で強くならないと……。

ウジュが僕らにそうしたように!?
どうか助けてあげて！ウジュを……。
ドッ

ゲッソリ〜

ジェウォンは
どうやってこんな場所を
見つけたんだろう？
プハア
本当に
誰も来ない……。

１人で苦しむのにはうってつけの場所だ。
苦しくて、寂しくて、悲しくて、腹ペコで、
膀胱が破裂しそう。
ゴロ
ゴロ

あれ？
Ephoton = hν = h c/λ
Δx・Δp ≥ ħ/2
Kmax = eVstop
これは……、
ジェウォンの
落書き？

ジェウォンのヤツ、そんなに実験が好きなのか？
ウッ……
実験に関係する落書きだらけ！
僕は実験が好きなんだ。次はウジュの秘密を解き明かすよ！
最初はジェウォンの考えを理解できなかったけど……。今じゃ僕も理解できるようになった。
ラニのために入った実験クラブだけど……。
ギュッ……
パッ
時間が経つにつれて実験がだんだん面白くなった。悲しいことも、苦しいことも実験をしながら乗り越えた。
スーッ……

かつての
ウジュと……、
ドン
今のウジュは
完全に
変わったんだ！
ニコッ
ドキン
ドキン
僕は実験に
興味ない！
僕の心は
ラニでいっぱいさ。
かつての……、
自分!?

僕はラニさえいれば平気さ！
実験王になってラニを
振り向かせるんだ。

いいや……、
ウジュは変わったよ。

変わったって？
ガバッ
そう！ 今のウジュは
ラニの気持ちを思いやれる
素敵な男になったんだ。
そしていまや実験も
僕にとってスゴく
大事なんだ！
これで
わかった？

ウォンソ……!?
どうしてココに……。
ザッ

対決まであと15分だって
伝えようと思って。
た、対決……？
ドン……
ドン……

ココにもいない。
ヒュー……
ウジュ!!
パッ
15:00
ウジュ、このまま
やめるつもり？
ドン……
ドクーン……
ドクーン……
ドクーン……

生物の進化を主張したチャールズ・ダーウィン

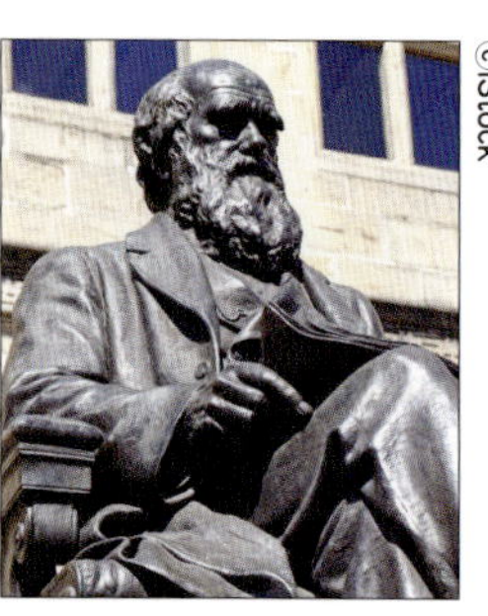
©iStock

チャールズ・ダーウィン
(1809～1882)

チャールズ・ダーウィンは、生物の進化論を確立するのに大きな貢献をしたイギリスの自然科学者です。幼い頃から動植物に関心が高かったダーウィンは1831年、植物学教授のヘンズローの紹介でイギリス海軍の測量船「ビーグル号」に乗船することになります。そして南アメリカ、太平洋、南アフリカなどを探査し、5年にわたって動植物の標本を採集・観察しました。特にダーウィンは、東太平洋の赤道直下にあるガラパゴス諸島で驚くべき事実を発見します。それは同じ種類の生物であるにもかかわらず、環境によって見た目が違うという点でした。ダーウィンはこれを通じて同じ種であっても、置かれた環境によって形が変化するという考えに至りました。帰国したダーウィンは多様な生物標本と観察資料をもとに進化論を体系化しました。そして1859年、すべての生物は共通の祖先から分かれ、長い時間を経て徐々に変化するという内容の『種の起源』を出版しました。『種の起源』は、出版されるとすぐに社会的に大きな論争を引き起こしました。当時、ほとんどの人は神がすべての生物を創造したという「創造論」を信じていたからです。しかしその後、ダーウィンの進化論は現代の進化論の土台となり、今日、遺伝学や応用科学、医学など、さまざまな学問分野で必須の理論として位置づけられるようになりました。

©Shutterstock

エサによって異なる形のくちばしを持つフィンチ　左のフィンチは硬い種や実を主なエサとし、右のフィンチは昆虫を主にエサとしている。

博士の実験室１

化石

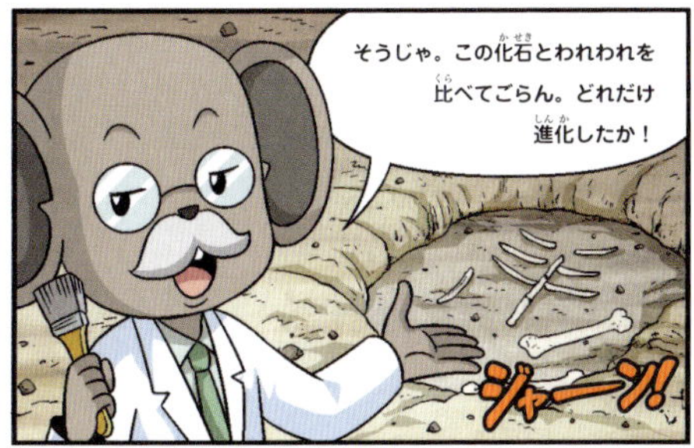

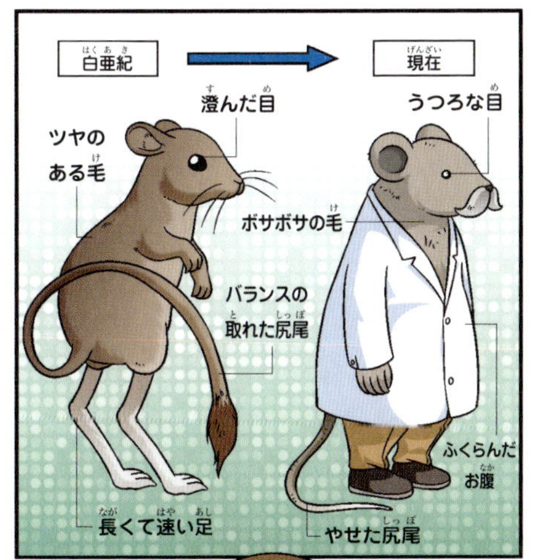

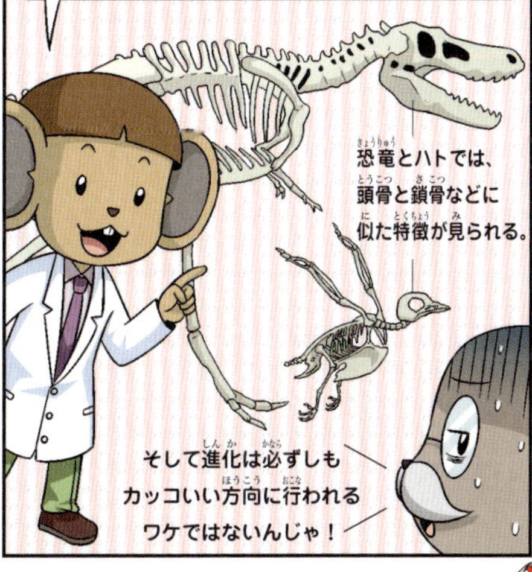

注）白亜紀と現在のネズミの特徴は学術的に正しい訳ではありません。

第3話

最高の生存方法

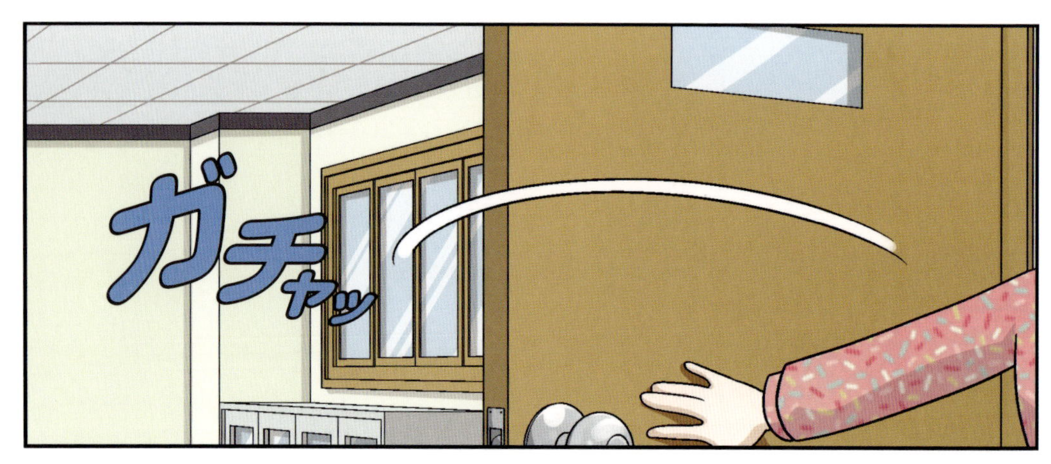
ガチャッ

スック
やっと来たか！
でも来たのは君たちだけか？
キョロ
キョロ
先生！ウジュはココに来ませんでした？
ウォンソもいない！
来てないよ！一体どうしたんだ？
ハァ
ハァ

そうだな……。そもそも2人だけじゃ最少人数の基準が満たせない。対決をしても資格がないとして結果は負けになるだろう。でも、対決が始まる前に入場しないと、対決そのものが開かれないだろう。

ウォンソ、今ココで何してるんだ!?
ガサッ
早く行って対決の準備しなきゃ!
ウジュがココにいるなら、ウチのチームの対決はないよ。
ウワッ
ダメだよ!!こんな展開まったく予想してなかったけど?僕のせいで対決がなくなるって!?
ど、どうしよう?すぐに戻らなきゃ!アッ! その前にハッキリさせておかなきゃ。
もうすぐ対決が始まる時間だ。
ウワァ
ウワッ、頭が痛い!!

ウォンソ!1つだけ答えて。
ギュッ

お前さあ……。
ラニを大事にできるよね？
僕より
もっと……。
ラニのそばにずっと
いてくれるよね！？

ヒュ――ッ

ジン……

コクッ

それなら……、
僕はあきらめられる。
それならいい！
クルッ

そうじゃなくて、ラニはお前が好きだって！
正直に言いなよ。
ポロ
ポロ

最初は対決をあきらめるって言っておいて、次はラニまであきらめる？

スーーッ

怖いんだろ？
アメリカチームには負けそうだし、
ラニはウジュの気持ちを
受け入れてくれそうにないから……。
だから失敗する前に逃げようと
してるんだろ？

ドクーン
ぼ、僕が
怖がってる
って？

ドクーン
失敗するのは誰もが
恐れていることだ。特にココは
勝ち負けがとてもハッキリして
いる場所だから……。

ウジュだけじゃなく、
僕たちみんな失敗が
怖いんだ。
これは……、
僕たちのチームの
特集記事？
でも
僕たちは……。

最後まで
あきらめないから！
ワァー
すぐに入場を始めます。
韓国Bチームの状況を
チェックしてください。
ハイ！
今行ってみます。
タッ
タッ
タッ

フッ
もしかしたら
不戦勝に
なるかもね。
韓国
Bチーム！
トン
トン

待って……、
何この記事？
エッ
どうしてまだ
スマホを持ってるんだ？
早くロッカーに
しまって来なよ。

これって完全に韓国Bチームに味方した特集記事じゃないか？それにウチのチームの話は……。
特集記事って？
国際実験オリンピックのダークホース、韓国Bチーム！
平凡な小さな学校で誕生した実験クラブ！
驚異的な成長スピードで国際実験オリンピックに出場！
当初はまったく注目されていなかったが、今ではベスト4にまで進出した韓国Bチーム！
不利な状況下で逆に生き残る気持ちを爆発させた！
一方、強力な支援と訓練を受け、有力な優勝候補の呼び声高いアメリカチーム！
ウチのチームにあまりに不利な内容だよね？
対決直前にこんな記事を出すなんて……。
準決勝の直前に記事になったスキャンダルは、韓国Bチームに大きな混乱を与え、この状況はアメリカチームに有利に働くものと予想される。
ま、まさかカンリム……!?

アメリカチーム、
韓国Bチーム！
入場してください！
ワァ
ワァァ

ワァ
アメリカチームだけ？
ザワ
韓国Bチームは
どこ？
ザワ

まさかあの
スキャンダルのせいで
棄権するのかな？
韓国Bチームに
とって大きな打撃
だったみたい。
でもあのスキャンダル、
アメリカチームが仕組んだ
って書き込み見た？
ザワ
うん、
私も読んだ！
ザワ
エエ、まさか〜。
アメリカチームが
そんなことする？
ザワ

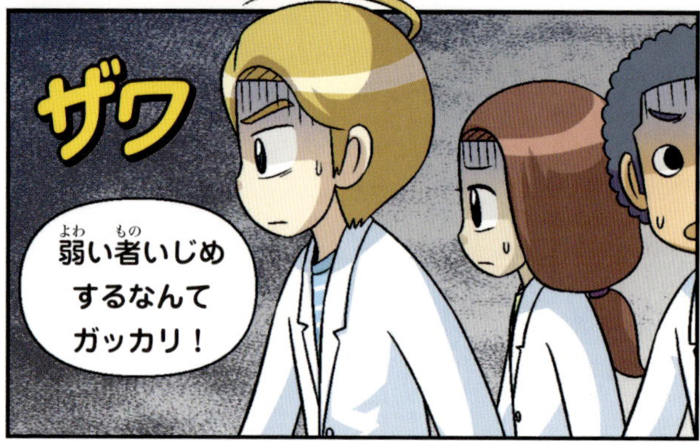
ザワ
弱い者いじめ
するなんて
ガッカリ！

そうだ！ さっき アップされてた 特集記事読んだ？
ザワ
読んだ！ 韓国Bチームってとても魅力的なんだね。
今日勝ってほしいな！
ザワ
このコメント見て！ ドイツチームだ。
本当？ 日本チームのユウトのもあったよ。
ルーマニアチームの応援コメントもあった。みんな韓国Bチームがスゴく好きみたい。
韓国Bチームってこんなに人気があったのね！
ザワ

特集記事のおかげで雰囲気がガラッと変わった。
記事１つで韓国Bチームに仲間意識を感じさせて、アメリカチームの印象を悪くさせるとは……。カンリムがスゴい勢いで拡散させたんだね。

韓国Bチームへの応援コメントがずっとアップされてる。本当に感動的……！
チリン
チリン

ザワ
ハァ
ハァ
ザワ
タッ
タッ
タッ
でも、特集記事や応援も……、ウジュが現れなきゃ何の意味もない。

お知らせします。
チーム内の事情により、
韓国Bチームの入場が
少し遅れました。
韓国B
チームだ!!
ワァ
やっと来た!
今、
韓国Bチームが
入場します!!
チリ~ン
目には目を、歯には歯を! ズルい記事にはズルい記事を! 勝つか負けるかの対決会場で最も人間らしかったウジュ。お前が勝ち残ってこそ、僕がしたことも報われるんだ! わかったかい?
ウジュ、僕のコウモリの面倒を見てくれるのはありがたいけど、写真は1日に1枚で十分だ。お願い……。
チリン
正直言うと、僕はアメリカチームと助け合った仲だけど、実は韓国Bチームを応援してるんだ。なぜだろう?
ジーッ
硬い化石の中には生命力があふれてる。今年の国際実験オリンピックも私にとってそうだったわ。全部ウジュのおかげよ。
ピンポ~ン
ジーッ
この記事、気に食わないわ。私にウジュを応援させるなんて!!!

インドチーム、
ロシアチーム、
ルーマニアチームまで!!
みんなこんなに
仲良かったの?
国際実験オリンピックに
出場したチームの
応援コメントを見て!!
カッコいい!!
ワァァァ
やっぱりいたずらは
ウジュの専門分野だよ!
こんなに人を驚かせるとは。
チリン
ピンポ〜ン
ウジュのヤツ、対決会場全体を歩き回ってたけど、
今じゃインターネットにまで? 本当にスゴいヤツだね〜!
ワァ
あいつにまた会いたいな。
ワァ
ゴクッ
ワァ

ワァ
ワナ
ウジュだ、ウジュ!!
今日から私はあなたのファンよ～。
苦あれば楽ありって言うけど……。今日がその日か!!
キャー
ウジュ、君は最高だ!
ワナ

エブリバディ・セイ!ウジュ～～!!
キャア
ウジュ!!
ウジュ、ウジュ!!
ウジュ、ウジュ!
何よ……、全然平気そうじゃない。
ワァ
ウジュ?
ワァ
いつもより明るい。
ウジュ!

ウジュ、がんばれ!
この雰囲気、何?
みんな韓国Bチームを応援してる。
カンリムの特集記事で形勢が逆転した。
ワァ

気にすることないよ。僕らが優勝したら、悪い噂はすぐに忘れ去られるさ。
そ、そうだよね？

噂は忘れ去られても、私たちがしたことは消えない。そうやって得られた優勝が果たして誇らしいのかしら？

私たちがしたこと……？

クルッ

サッ

な、何だ？あいつ……。

トム！ 君がしたことは本当にズルかったけど、今回は大目に見てやるよ。お前のおかげで実験がどれだけ大事なのかがわかったから！ 僕は絶対にあきらめないよ。
クルッ
何かしら？
そしてウォンソ！
地球のすべての生命体は生き残るためにそれぞれの方法を見つけた。鋭い爪、大きくて力強い体、速い足……。その中で人類が見つけた最高の生存方法はあきらめないことだ！ ウジュが今まで僕たちに見せてくれたように。
そうだ。ウォンソの言う通り、僕は失敗を恐れてあきらめたことは一度もない！
僕たちは最後までやってやるんだ。

イヤ……。
同じように見えて
何かが違う!!

ウジュ、君は
一体何者なんだ?
傷ついたと思ったのに、
以前と変わらない
じゃないか!

ウジュが帰ってきた。
以前よりずっと
たくましい姿で!
ラニ、がんばろう!!
コクッ
では、今から
対決のテーマを
発表します。

スーッ
生命の 始まり
テーマは「生命の始まり」です！
パッ
ワァァ
生命の……、始まり！
ワァァ

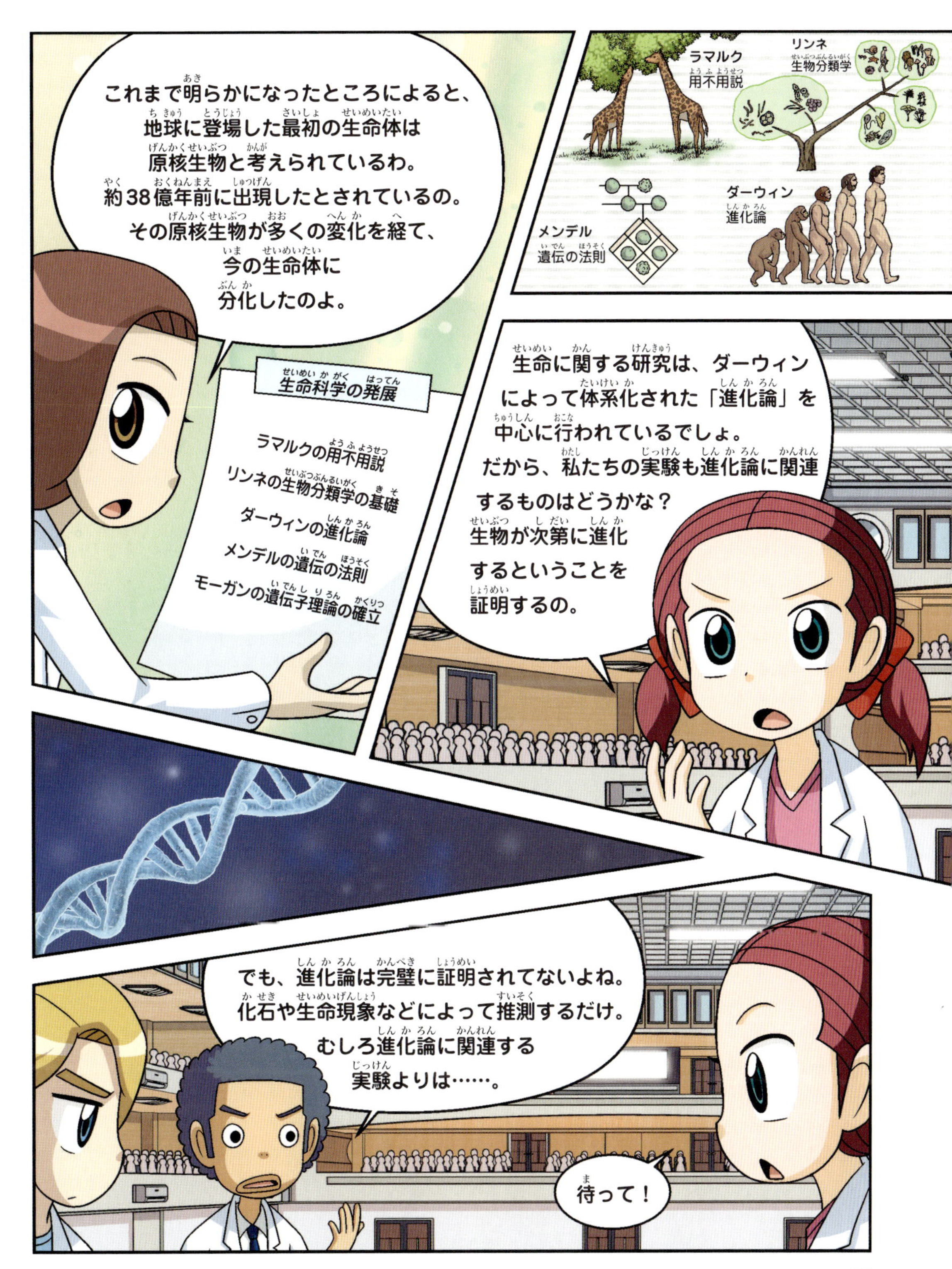
これまで明らかになったところによると、地球に登場した最初の生命体は原核生物と考えられているわ。約38億年前に出現したとされているの。その原核生物が多くの変化を経て、今の生命体に分化したのよ。
生命科学の発展
ラマルクの用不用説
リンネの生物分類学の基礎
ダーウィンの進化論
メンデルの遺伝の法則
モーガンの遺伝子理論の確立
ラマルク
用不用説
リンネ
生物分類学
ダーウィン
進化論
メンデル
遺伝の法則
生命に関する研究は、ダーウィンによって体系化された「進化論」を中心に行われているでしょ。だから、私たちの実験も進化論に関連するものはどうかな？生物が次第に進化するということを証明するの。
でも、進化論は完璧に証明されてないよね。化石や生命現象などによって推測するだけ。むしろ進化論に関連する実験よりは……。
待って！

まさか……、神があらゆる生命体を創ったという「創造論」を言おうとしてるの？
創造神話
ギリシア神話
インド神話
旧約聖書
檀君神話

なぜ進化論の方が創造論よりも正しいと言えるんだ？ 両方とも完璧に証明されていないじゃないか。

ココは実験対決の会場よ。進化論には化石という証拠があるんだから！
それなら、創造論にも証拠はある。だから創造論を信じる人も多いんだ。
ニヤッ
そうだね……。それはいい考えだ。
何？

進化論と創造論を
同時に示す実験をしてみよう!!
みんなよく見て!
今から僕の
本当の実力を見せて
あげるから……。
そんなこと
できるの……?
また何か
企んでる……。
面白そう!

進化の証拠、痕跡器官

人間を含むすべての生命体は、非常に長い進化の過程を経て現在の姿になりました。よく使う部分は発達して、そうでない部分は退化したり、完全に消えてしまったりしました。このように、生物の器官の中で以前は使い道があったものの、今では退化したり消えたりして痕跡だけが残っている部分を「痕跡器官」といいます。私たちの体に残っている痕跡器官を一緒に見ていきましょう。

犬歯と親知らず

昔の人類は、今まで以上に丈夫なあごの骨と多くの鋭い歯を持っていました。そのあごの骨と歯を利用して、硬い生肉や硬い実を食べて暮らしてきました。しかし、次第に火や道具を使って食べ物を調理して食べるようになるにつれて、あごと歯の役割は減り、ついに進化の過程で退化してしまいました。特に、突き出て鋭かった犬歯は小さくなり、硬い植物を食べる際に必要だった親知らずは、次第に生えなくなりました。

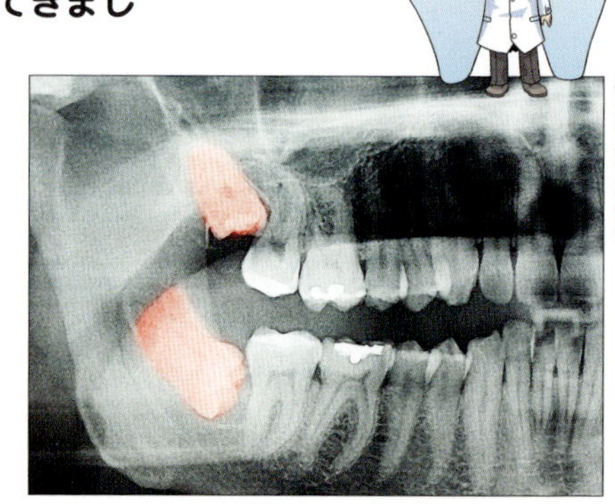

レントゲンで撮影した親知らず（赤色の部分）

動耳筋

耳を動かす筋肉のことを「動耳筋」といいます。昔の人類はウサギやネコのように、音の方向に向けて耳を動かして天敵が来る音を聞いたり、獲物を探したりしました。しかし、次第に天敵を避けて逃げたり、狩りをしたりすることがなくなり、動耳筋は退化してしまいました。今でも耳を動かすことができる人がたまにいますが、これは動耳筋の機能がまだ残っているからです。

長掌筋

親指と小指をくっつけて手首をそっと内側に曲げると、手首から筋のようなものが浮き出てきますが、この部分を「長掌筋」といいます。長掌筋は狩猟活動や、天敵から逃れようと木に登るときなどに主に使われていた筋肉ですが、だんだん使うことが減っていったことで小さくなり退化しました。

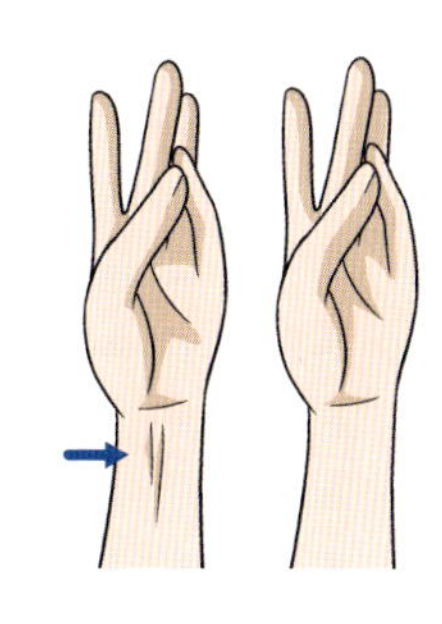

瞬膜

「瞬膜」は薄くて透明な膜で、眼球を覆って異物から目の角膜を保護し、水分を保ったり目を掃除したりする役割があります。一部の魚類や鳥類、ハ虫類、両生類によく発達しており、人間を含むほ乳類には痕跡だけが残っています。人間の場合、目頭の赤い部分がまさに瞬膜の跡です。

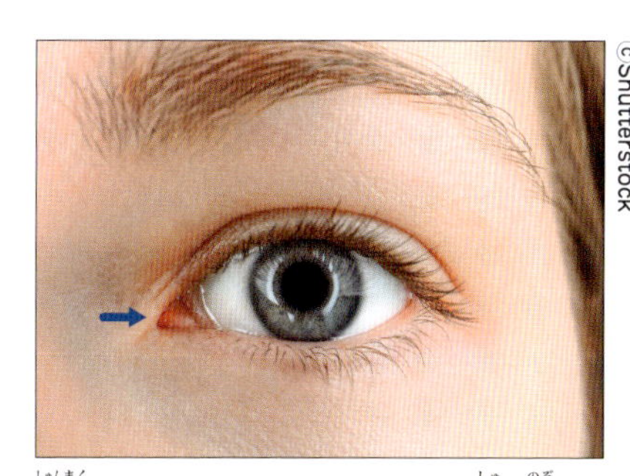

瞬膜　ラクダやネコなど、いくつかの種を除くほとんどのほ乳類には痕跡器官として残っている。

立毛筋

毛根についている細かい筋肉を「立毛筋」といいます。昔の人類は体に多くの毛が生えていました。そして立毛筋を利用して毛を立てて、天敵の前で体を大きく見せたり、一時的に保温効果を得たりしていました。一方、現在の人類は毛が少なくなり、立毛筋もほとんど退化しました。しかし、今でも立毛筋が役割を果たしているのを見ることができます。それは寒さや恐怖で肌に鳥肌が立つときです。鳥肌が立ったときに肌を見ると、ピンと立った毛が見られ、毛穴のまわりがブツブツになっています。

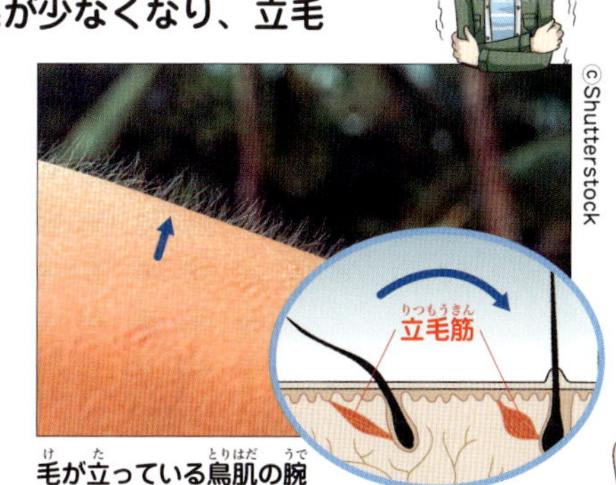

毛が立っている鳥肌の腕

第4話

ただこの瞬間のために

ワァァァ
ワァァ
もう心配するのやめたら。あの子はもう立ち直ったみたいだし。
ワァ
ハァ
心配する？私が？ウジュのことを？
心配してたんじゃないの？
ボサ
ずっと髪の毛をムシってただろ。
フン
ボサ

観客がみんな
韓国Bって叫んでる。
スゴい応援だね。
違うわ。ウジュは
元々あきらめることを知らない子よ。
欲しいものがあれば、何も考えずに
突進するんだってば！ そんな子を
私がどうして心配するのよ？
韓国B！
韓国B！

応援するのが
当然じゃない？
何で？
ウジュ !!
あきらめないで
たどり着いたでしょ。あの子たちは
応援される資格が
十分にあるわ！
韓国Bチーム、
がんばれ !!
ウジュ！
ワァァァ
ニヤッ
やっと……、
みんながあの子たちの
価値に気づいたのよ。

ド
生命の誕生
ドーン
今日の対決は、まるでウチのチームのためにあるようだ！ 最後まであきらめずに生き残ったこのウジュ様がいる韓国Bチームのことさ。
僕たちのチームはようやく真のチームに生まれ変わった！

この距離感は何？
ハハ……
今日、ウジュの誕生日？
ガ～ン

さあ！ そういう意味で最初の生命体の実験をするのはどう？ よーく見てみて。お前と僕は同じだろ。

どこが同じだって？
知能
顔
VS
身体
100%
違う！

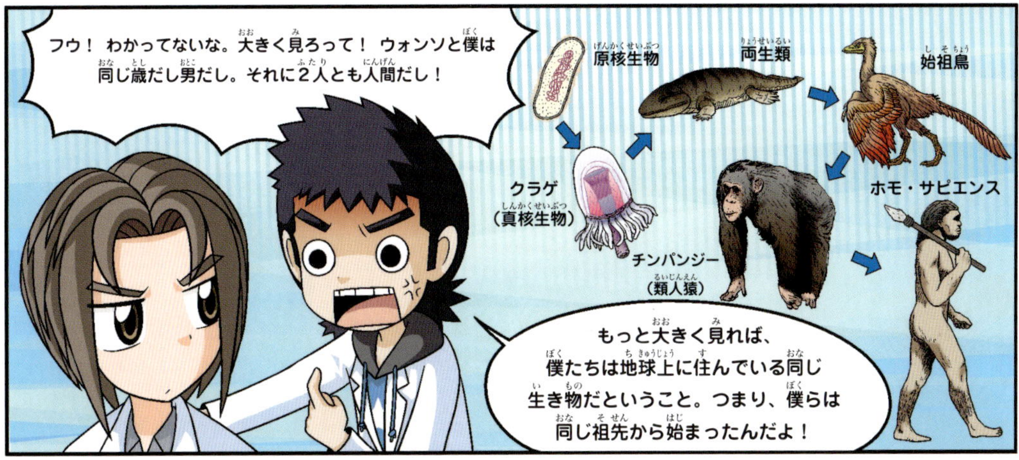
フウ！ わかってないな。大きく見ろって！ ウォンソと僕は
同じ歳だし男だし。それに2人とも人間だし！
原核生物
両生類
始祖鳥
クラゲ
（真核生物）
チンパンジー
（類人猿）
ホモ・サピエンス
もっと大きく見れば、
僕たちは地球上に住んでいる同じ
生き物だということ。つまり、僕らは
同じ祖先から始まったんだよ！

ウジュが言いたいのは、
すべての生命の始まりは
同じだってこと？
まさに
それ！
生命の
始まり……？

ウォンソ、僕の言う通りだよね？
すべての生き物は最初の生命体からそれぞれ
違う方向に進化した
だけだよね。
ああ、そうだ。
コクッ

最初の生命体の実験……！？
だから、最初の生命体の実験をやろう！ 生まれ変わったウチのチームにピッタリの実験になるハズ。

コクッ
意味と勝利……。2つのうち1つはあきらめなきゃいけない！
確かに、ウジュの言うようにウチのチームに最も意味のある実験になるハズだ。
コクッ
ウォンソの表情が深刻だわ。どうしたのかしら？
え？

約46億年前、地球が
誕生したとき、地球には
どんな生命体も存在
しなかったの。
タッ

生命体の誕生についてはいろいろな説があるわ。
神が創造したという説や、宇宙から飛んできた隕石
によって運ばれたという説、地球のいろいろな
物質が徐々に変化してつくられたという説とかね。

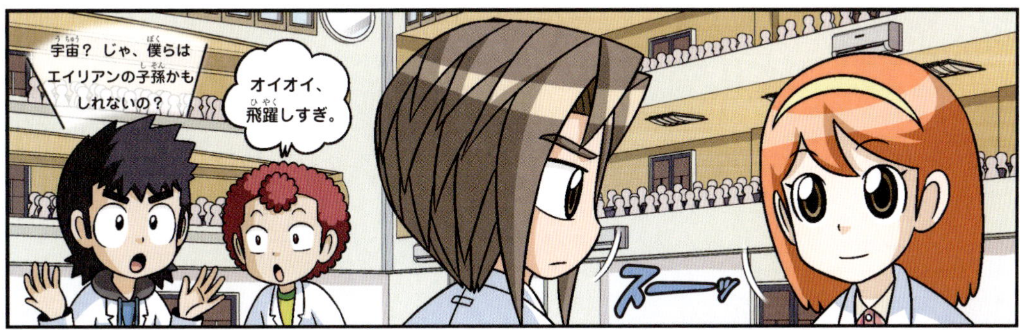
宇宙？ じゃ、僕らは
エイリアンの子孫かも
しれないの？
オイオイ、
飛躍しすぎ。
スーッ

コクッ
フッ

いいよ。ウジュの言う通り、原始地球で誕生した最初の生命体の実験をしよう。
原始地球？

形成初期段階の原始地球は一面熱いマグマで覆われていた。そのうち徐々にマグマが冷めて陸になり、大気から雨が降って海が生まれた。この過程で有機物が変化し、最初の生命体がつくられたという説がある。それを実験で検証してみよう。

オオ〜、まさにそれ！ 最初の生命体の実験。
ウチのチームにピッタリだね！ 意味もあるし。

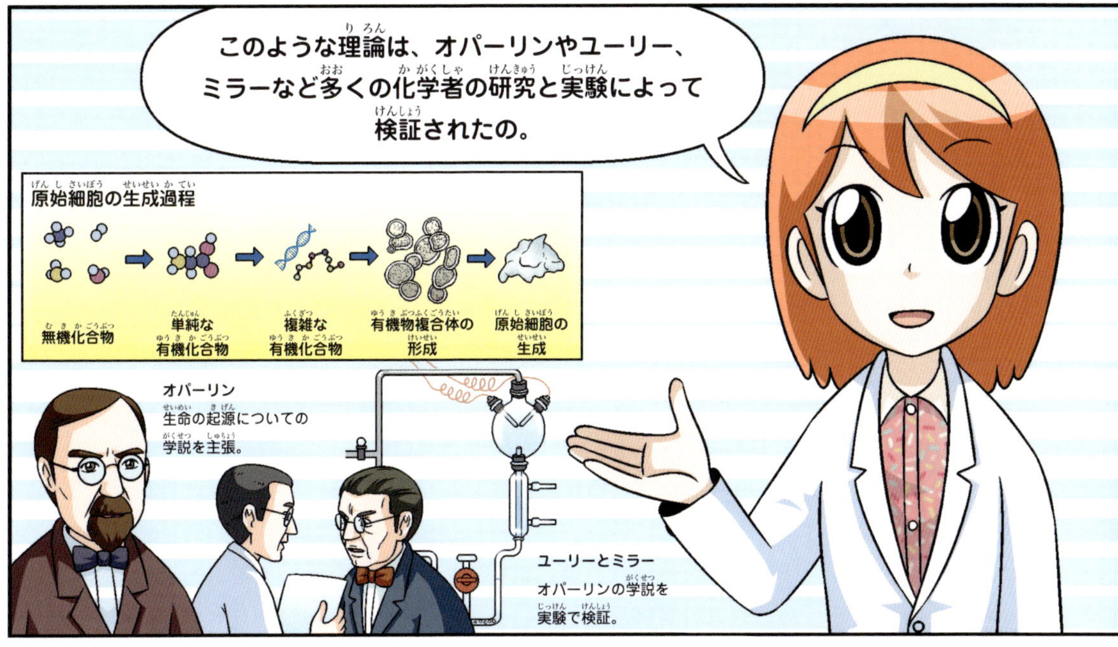

注）ミラーらの学説は現在では否定されています。

ワァー
ついに韓国Bチームが動くぞ！
実験が決まったみたい！

ところで、両チームの雰囲気が全然違うぞ？
アメリカチームはさっきから静か。
やっぱり後ろめたいところがあるからかな？

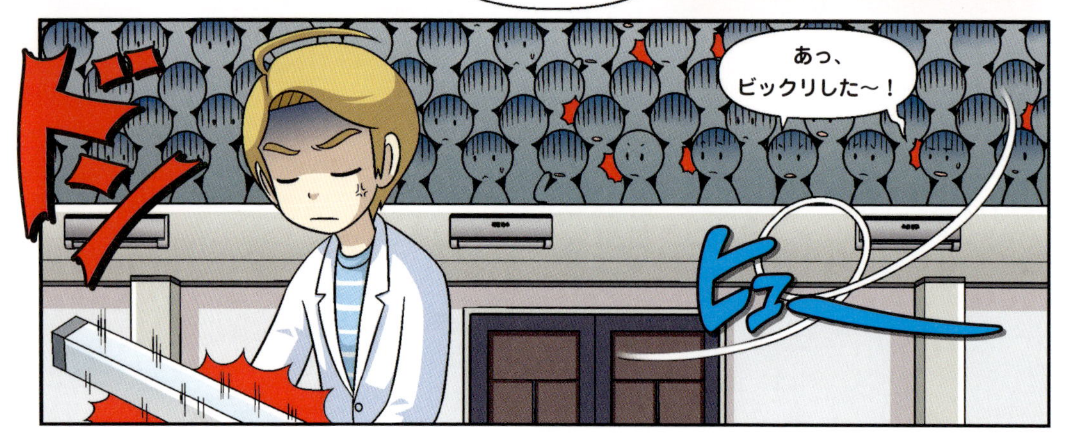
ドン
あっ、ビックリした～！
ヒュー

準備物が遺伝子模型ばかりじゃない？ トムは確か創造論と進化論の両方を見せる実験だって言ってたけど……。
まだ創造論の話？
科学者は証拠に従わなきゃ。
進化論は化石や解剖学、特に遺伝学で更新され続けているのよ！
フゥ

……。
ガタッ
……。

あらゆる生命体ははるか昔から進化し続けて……、
クルッ
痛っ！

ごめん、進化して足にも目がついてたらよかったけど。
まったく……。

グッ

トム、
準備できたよ。
チラッ

コトン

今から2人はその準備物でこのDNAを組み立てて。2人ともDNAの構造はよく知ってるよね？

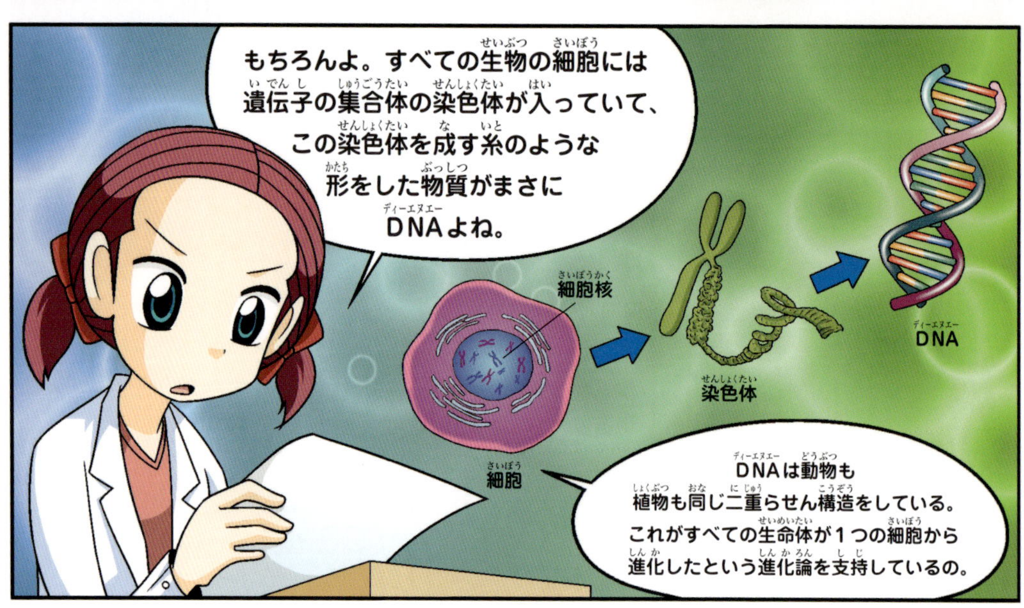

もちろんよ。すべての生物の細胞には遺伝子の集合体の染色体が入っていて、この染色体を成す糸のような形をした物質がまさにDNAよね。
細胞核
染色体
DNA
細胞
DNAは動物も植物も同じ二重らせん構造をしている。これがすべての生命体が1つの細胞から進化したという進化論を支持しているの。

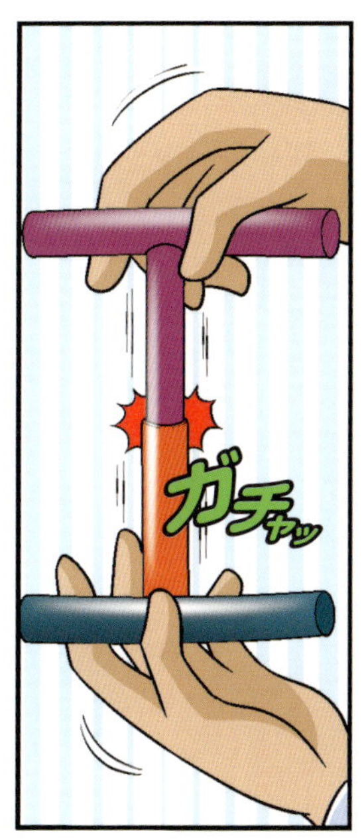
ガチャッ

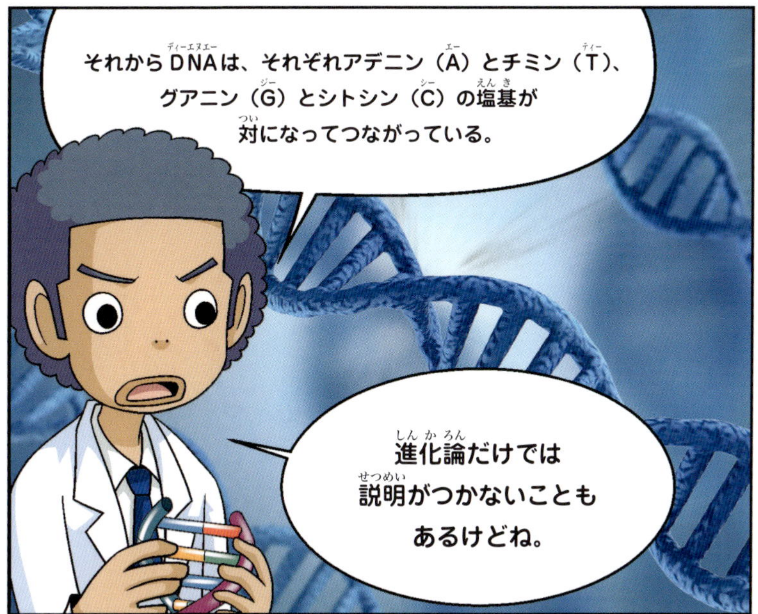
それからDNAは、それぞれアデニン（A）とチミン（T）、
グアニン（G）とシトシン（C）の塩基が
対になってつながっている。
進化論だけでは
説明がつかないことも
あるけどね。

……。
ガチャッ
……。
ガチャッ

トム、
あの子たち……。
ヒャー……

放っておきな。DNAの模型を
作るのは単純だから。君は
報告書に集中すればいい。
……。

トム！ 言葉に気をつけろよ。DNAを組み立てるのは絶対に単純なことじゃない。神を冒涜してることになるぞ。
ガチャッ
……。
パチ
パチ
ハア！ 本当に信じられない。実験対決の最中に神を論じるなんて……。
イヤイヤ

シーン……

やっぱりダメだわ。あのままじゃあの2人……。
人間だったら、生き残るために人を踏みつけて立ち上がることもあるけど、同時に他人のために自分を犠牲にできなければならない。
パチ
パチッ
パチ
チラッ

チームのためにー
ミツバチやアリでさえ、自分の犠牲が個体群や集団の保全に有利だってことを知っている。自分を犠牲にすることが結局チームのためになるということを！
女王バチ
働きバチ
働きアリ
女王アリ
あいつらもそのくらいは知っているハズだよ！
犠牲になれってこと……？
僕のは完成した。
私も……、あれ？

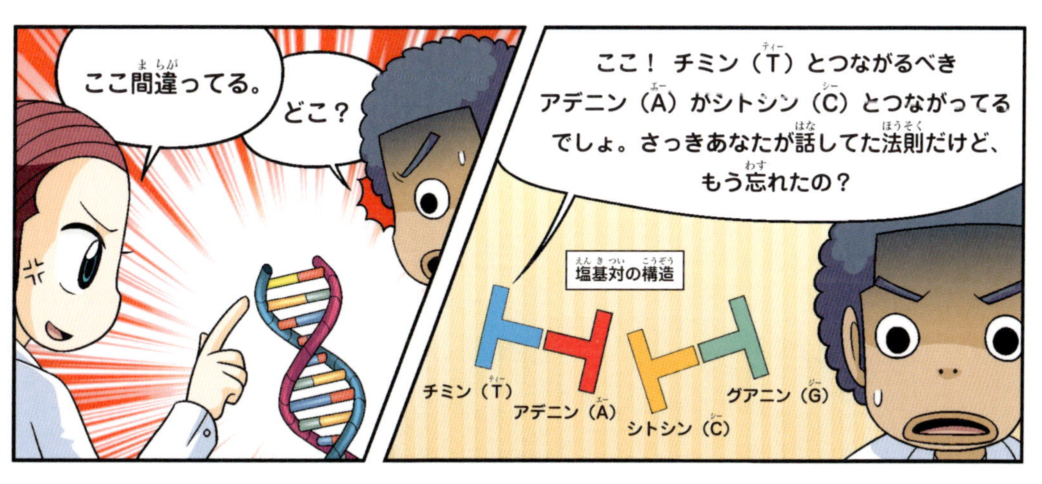
ここ間違ってる。
どこ？
ここ！ チミン（T）とつながるべきアデニン（A）がシトシン（C）とつながってるでしょ。さっきあなたが話してた法則だけど、もう忘れたの？
塩基対の構造
チミン（T）
アデニン（A）
シトシン（C）
グアニン（G）

大変なとこだったわ。
何が大変なんだ。どうせ模型だろ。
ガチャッ
ガチャッ

DNAのタンパク質の合成過程
DNAの遺伝情報がRNAに移され、RNAの情報を利用してタンパク質が合成される
模型でよかったのよ。DNAの配列には次の世代に遺伝する情報だけでなく、生命を維持するのに必要なタンパク質を合成できる情報が含まれているの。もし配列がずれると細胞に変異が生じて、ガン細胞が作られることもあるのよ！

その通り。DNAの配列はとても大事さ。
ガバッ
でも、配列が間違っているからといって、必ずしも悪いワケではない。つまり、遺伝子の突然変異にもいい点があるということさ！
遺伝子の突然変異？

DNAの構造に変化が生じて、遺伝子の配列が変わることを遺伝子突然変異というけど、これが進化の原動力になりうるんだ。今、僕たちが実験で示すこともまさにそういうこと！
グッ
ワァァ
パッ
ワァァ
アメリカチームの実験が本格的に始まった！

創造論でリンゴはどんな意味だっけ？
そりゃ……。

人間の始まりとつながっているというか？ キリスト教の旧約聖書には、神がつくった最初の人間（アダムとイブ）が、禁断の果実である善悪の知識の木の実を摘み取って食べ、エデンの園から追放されたと記されている。それによって人間は苦しみや死を経験するようになった。今日の善悪の知識の木の実は、よくリンゴに例えられることもあるんだ。
スーッ
その通り。自然のままのリンゴを、旧約聖書に出てくるリンゴに見立てる。

＊遺伝暗号：塩基配列を、タンパク質を構成するアミノ酸の並ぶ順序であるアミノ酸配列に変換する暗号。

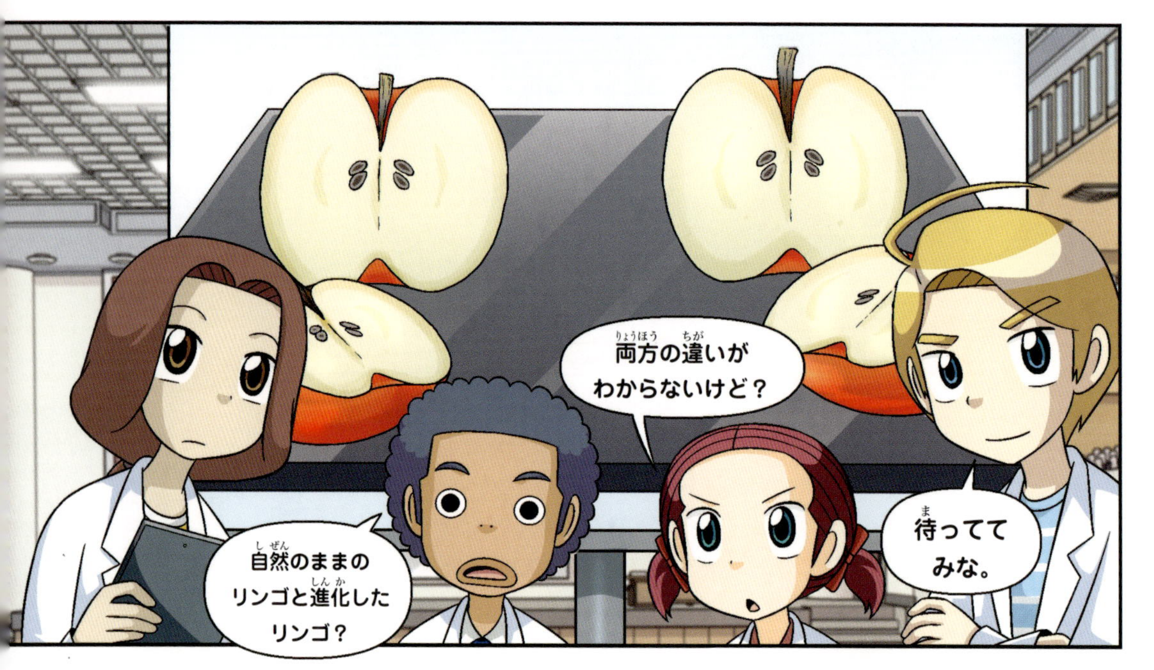
自然のままのリンゴと進化したリンゴ？
両方の違いがわからないけど？
待っててみな。

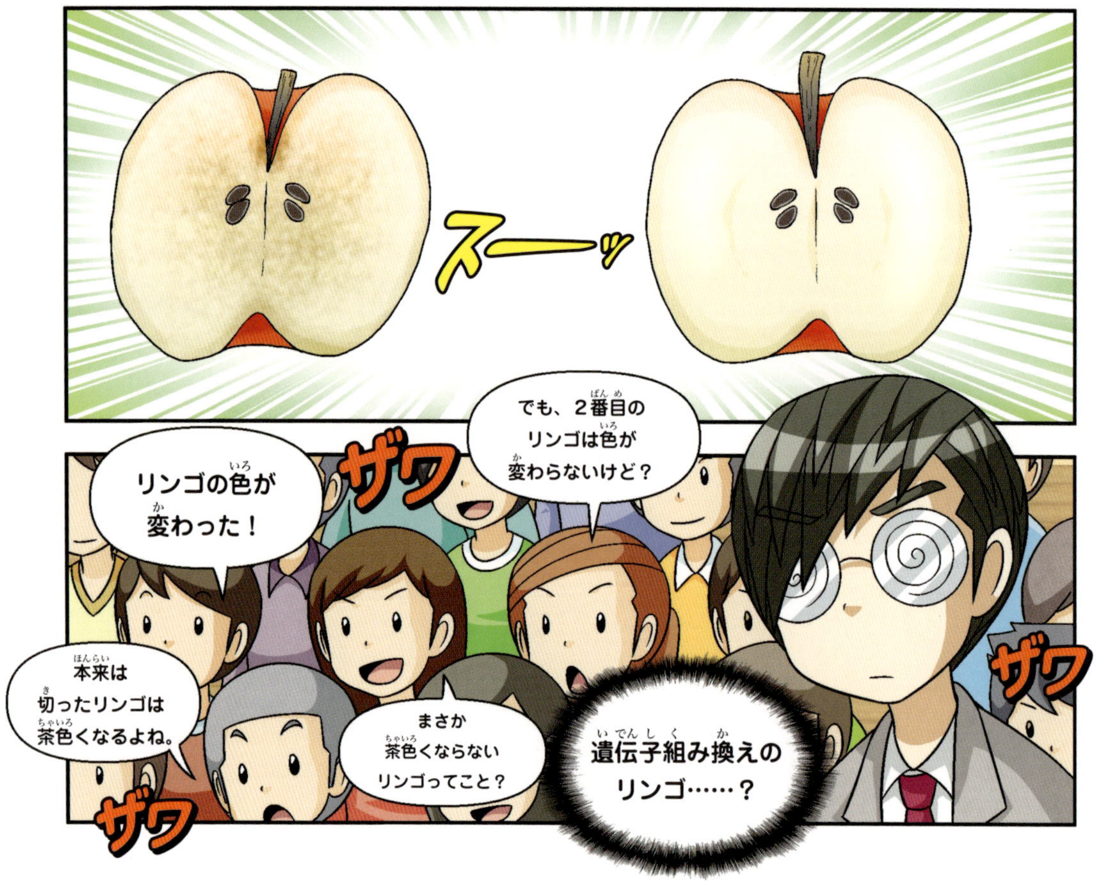
スーッ
リンゴの色が変わった！
でも、２番目のリンゴは色が変わらないけど？
ザワ
ザワ
ザワ
本来は切ったリンゴは茶色くなるよね。
まさか茶色くならないリンゴってこと？
遺伝子組み換えのリンゴ……？

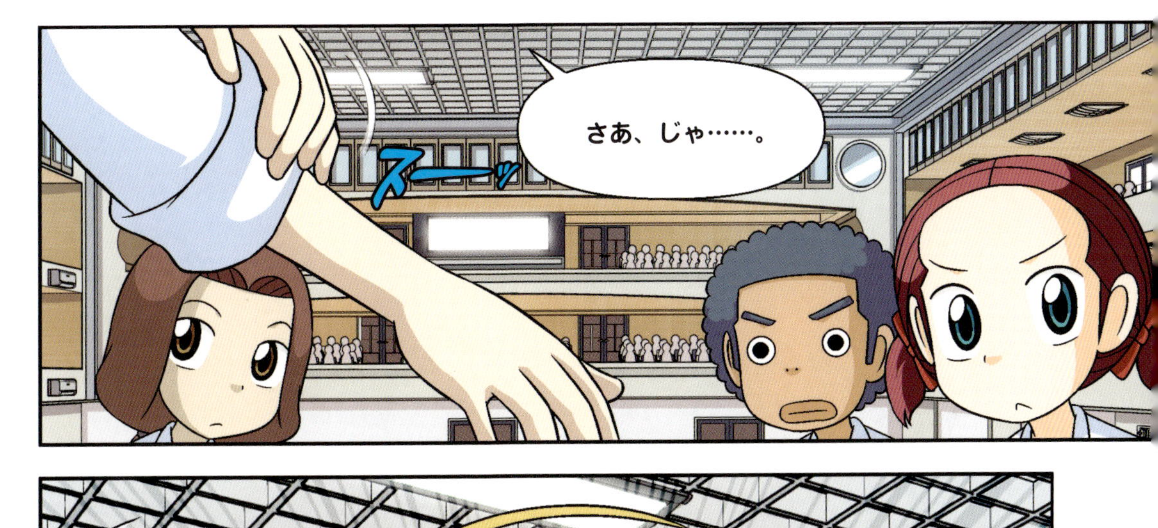
さあ、じゃ……。
スーッ

次は僕が
神になる番だ。
ドーン

ブロッコリーからDNAを抽出

実験報告書	
実験テーマ	ブロッコリーからDNAを抽出して観察します。
準備する物	❶ビーカー3つ　❷試験管の台　❸乳棒・乳鉢　❹ガーゼ ❺エタノール5mL　❻蒸留水20mL　❼ブロッコリー ❽塩化ナトリウム2g　❾食器用洗剤5mL　❿試験管 ⓫スポイト　⓬輪ゴム　⓭棒 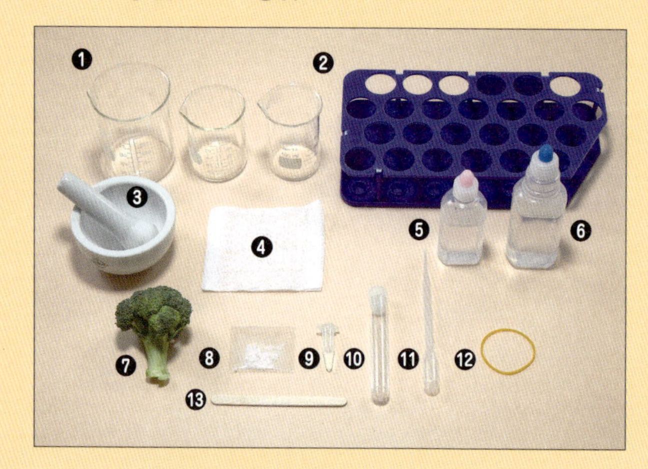
実験予想	ブロッコリーのDNAを目で観察できるでしょう。
注意事項	❶ エタノールは揮発性の物質なので使用する際は気をつけましょう。 ❷ DNAの沈殿がうまくいくよう実験には冷凍庫で冷やしたエタノールを使用しましょう。 ❸ エタノールを一度にたくさん入れないように注意しましょう。一度にたくさん入れると、溶液が濁ってDNAの観察がうまくいかないことがあります。

実験方法

❶ ビーカーに蒸留水20mL、塩化ナトリウム2g、洗剤5mLを入れ、棒でよく混ぜます。

❷ ブロッコリー（花蕾の部分）を細かくちぎって乳鉢に入れ、乳棒で細かくつぶします。

❸ ブロッコリーに❶の溶液を入れて、再びよく混ぜてつぶした後、ビーカーに移します。

❹ 輪ゴムを利用してビーカーにガーゼを固定し、❸の溶液をこします。

❺ こした溶液5mLを試験管に入れます。

❻ エタノール5mLを試験管にゆっくり入れます。このとき、エタノールは試験管の壁を伝うように入れます。

❼ 試験管の台に試験管を固定し、溶液を観察します。

実験結果

溶液の中に糸状のブロッコリーのDNAが抽出されました。

どうしてそうなるの？

DNAは生命体固有の遺伝情報を含んでいる細い糸状の二重らせん構造を持つ核酸です。溶液の中で観察された白い糸状の物質がブロッコリーのDNAです。実験でブロッコリーを細かくつぶした理由は、植物細胞の最も外側にある細胞壁を破壊するためです。また、実験で使用した食器用洗剤はブロッコリーの細胞膜と核膜を溶かし、塩化ナトリウムはブロッコリーのDNAを沈殿させます。ブロッコリーのDNAが沈殿する理由は、塩化ナトリウムの中の正に帯電したナトリウムイオンと負に帯電したDNAが結合したからです。エタノールは、ブロッコリーのDNAが糸状に沈殿するのを助けます。同じ実験方法で、ブロッコリーの他にもイチゴやミカン、バナナなどの果物のDNAも抽出できます。

ブロッコリーや、バナナで実験してみて！

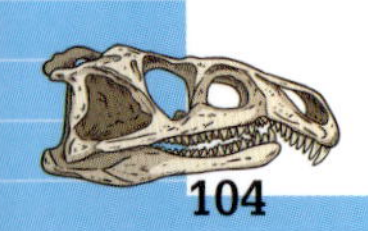

博士の実験室2

突然変異

ハァ

どうしたんじゃ？
ウル
ウル
博士!!
実は数カ月前に生まれた弟が突然変異としか思えないんです！
グイッ

突然変異か……、他の兄弟と似てないってことか？
うん！違いすぎるんだ。これ見てよ！

なんと!? こんなにハンサムだとは？お前とは別人じゃないか！
もう終わりだ！兄弟で僕が一番ハンサムだったのに！
ウエ〜ン

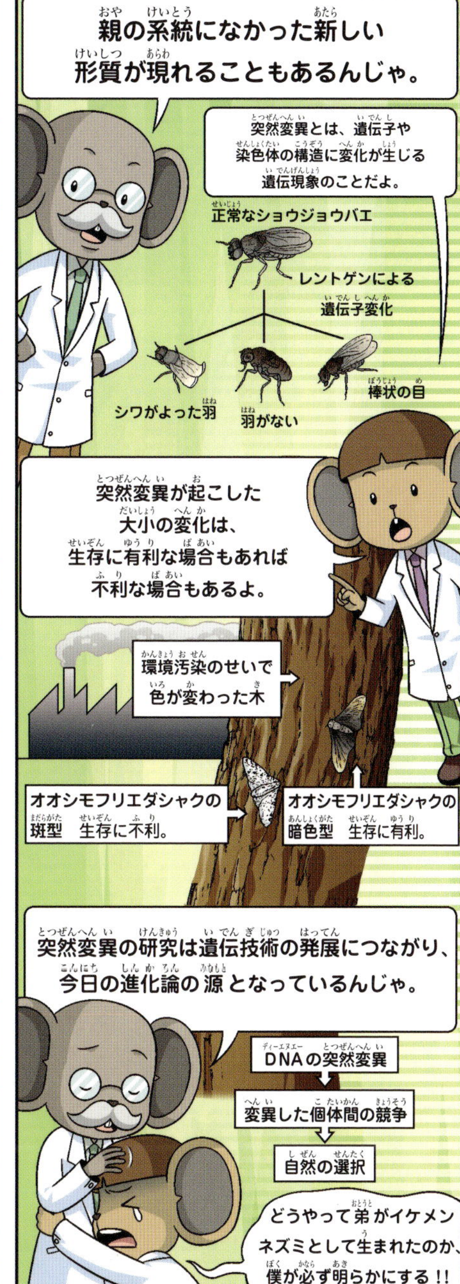

親の系統になかった新しい形質が現れることもあるんじゃ。
突然変異とは、遺伝子や染色体の構造に変化が生じる遺伝現象のことだよ。
正常なショウジョウバエ
レントゲンによる遺伝子変化
シワがよった羽
羽がない
棒状の目
突然変異が起こした大小の変化は、生存に有利な場合もあれば不利な場合もあるよ。
環境汚染のせいで色が変わった木
オオシモフリエダシャクの斑型 生存に不利。
オオシモフリエダシャクの暗色型 生存に有利。
突然変異の研究は遺伝技術の発展につながり、今日の進化論の源となっているんじゃ。
DNAの突然変異
変異した個体間の競争
自然の選択
どうやって弟がイケメンネズミとして生まれたのか、僕が必ず明らかにする!!

第5話

本当にしたい実験

パチ
パチ
ブーン
キュッ
キュッ

水一滴でも漏れたらいけないからしっかり組み立てて。
心配しないで～！今日の実験は絶対完璧にやり遂げるよ。
スラ
スラ

もう完璧だよ！ウジュが時間に間に合ったから。
え？

ウンウン
実はさっきウジュがいなくなったとき気づいたんだ。ウチのチームはウジュがいてこそ完璧になるって。ウォンソとラニが僕たちよりいくら優れた実力を持っていても、4人が一緒じゃなければウチのチームは生命力を失うというか。
ニコッ
今さら気づいた？

ウォンソが設計図をメチャクチャに描いたせいで組み立てるのがなかなか大変だよ。
メチャクチャに描いたんじゃなくて、お前が設計図を逆さまに貼ったんだろ。

ガバッ
しかも今回、ウチのチームの状況と対決テーマがピッタリ合うだろ！天も味方したに違いない！
油断するなよ。

グルッ
さあ、こうやって首を回して見てみな！
ゴキゴキ
ま、待って！

オオ〜、
天才だ！
ヒッ
ヒッ
ヒッ
もう本当に
完璧！
フッ
間違って
組み立てると爆発する
可能性もあるから、
しっかりな。
怖い……。
爆発？
そう。僕らが使う
あのガスを見な。
メタン
危険
爆発
注
アンモニア
危険
爆発
注意
水素
危険
爆発
注意

ワァ
ゴクッ
メタン
危険
爆発
注意
アンモニア
危険
爆発
注意
水素
危険
爆発
注意
ドーン……

それに、高圧電流を加えるときは
感電したり、衝撃を受けたり
することがあるから
気をつけるんだ。
サッ
ジジーッ
真空ポンプで真空状態にした
後は空気が入っちゃいけない
から、最後にもう一度
点検しないと。
ウィーン
ガスに高圧電流……、
真空ポンプまで!?
ゴクッ

シューッ
そうだね。本当に
こんなに危険な
環境で生命体が
誕生するの？
実験が
想像以上にスゴく
危険そうだけど？

生命の誕生は……、
それだけ成功するのが、
難しいんだ。

安定した環境で生命体が作られる方がむしろ
珍しいんだ。地球上に生命体が
どうやって誕生したかについては
いろいろな説があるけど、どれも
不安定な環境条件下なんだ。
二酸化炭素や窒素などから
なる原始大気
隕石の衝突や宇宙塵
深海から熱水が
噴き出る熱水噴出孔
不安定な環境条件

今の……、僕らの
実験みたいに？
ゴクッ

そう。
僕らのチームの実験は成功の確率がかなり低い。
それでも……。
生命の誕生がそんな大変なのに、実験が簡単なハズないよね？

それで、ウォンソが最初迷ってたんだね？
やっぱり……、成功は難しいんだね？
コクッ
私たちがこの実験を選んだワケは……。

フッ
対決で勝つ確率より、本当にしたい実験を選択するのが僕たちらしい。
私たちはいつも心が赴くままに実験をしてきたから！
本当にしたい実験だから！

ゴォォ
本当に……、
完璧だ！
ガザッ
モワ
モワ
僕らのチームが新たな
1つの生命体として
誕生する条件！

ピカッ
地球内部から
噴出した、いろんなガスと
水蒸気によって大量の
雨が降り始めた。
不安定な大気は、
二酸化炭素や窒素、
アンモニアなどで
いっぱいになって……。
コホッ
コホッ
ザァァ
こうやって混沌とした環境
条件が相まって、無機物から
有機物がつくられたんだ。

そして有機物が集まって
最初の原始細胞が生まれた。
数億年の歳月をかけて初めて
生命体が誕生したんだ！
スルッ

これがやがて……。
危険で不安定な環境で誕生した最初の生命体！
数億年をかけて誕生……。
僕たちになった!!

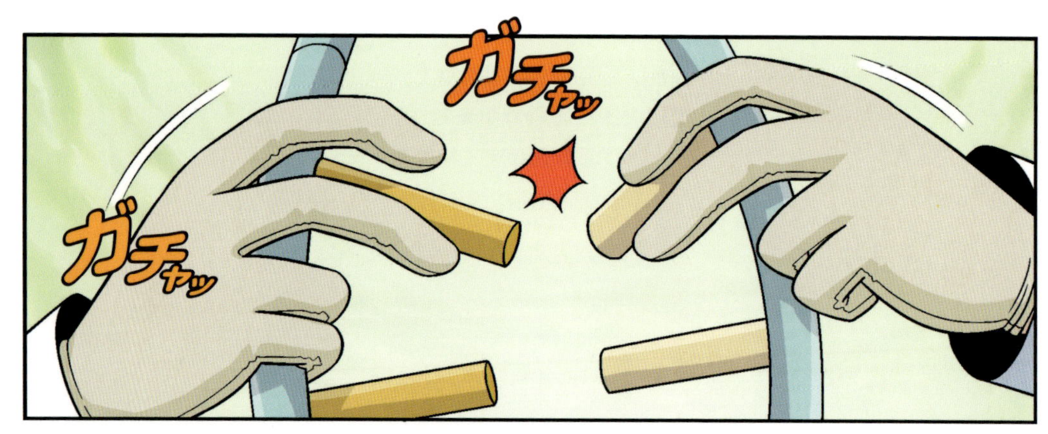
ガチャッ
ガチャッ

ガチャッ
……。
ガチャッ

トム、どうしてDNAの模型を作り続けてるの？
もっと必要なら僕たちが作ったのに……。

チラッ
これはDNAじゃなくてRNAなんだ。

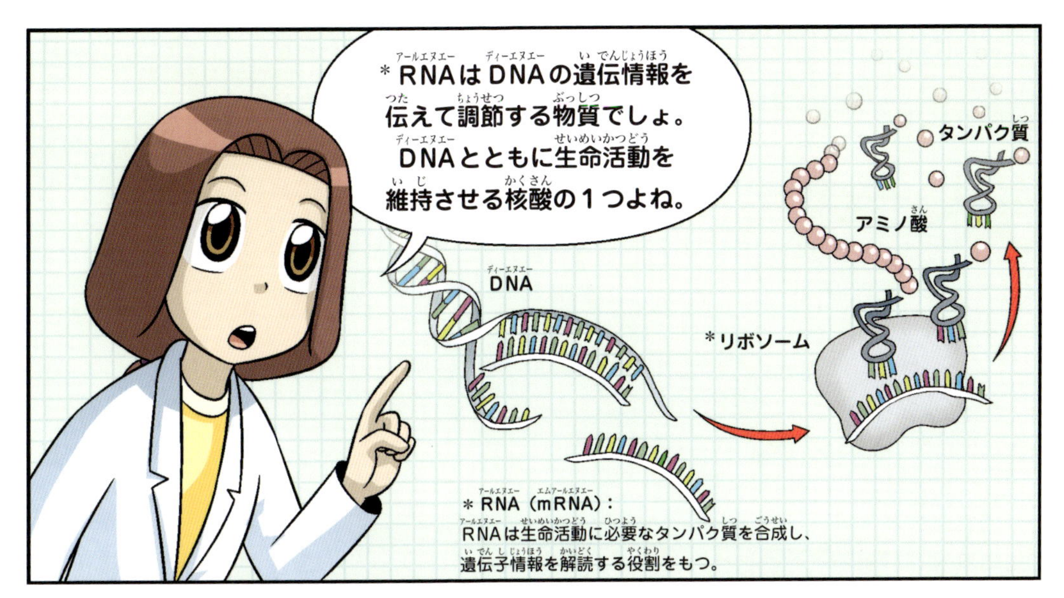

＊リボソーム：タンパク質をつくる場所。

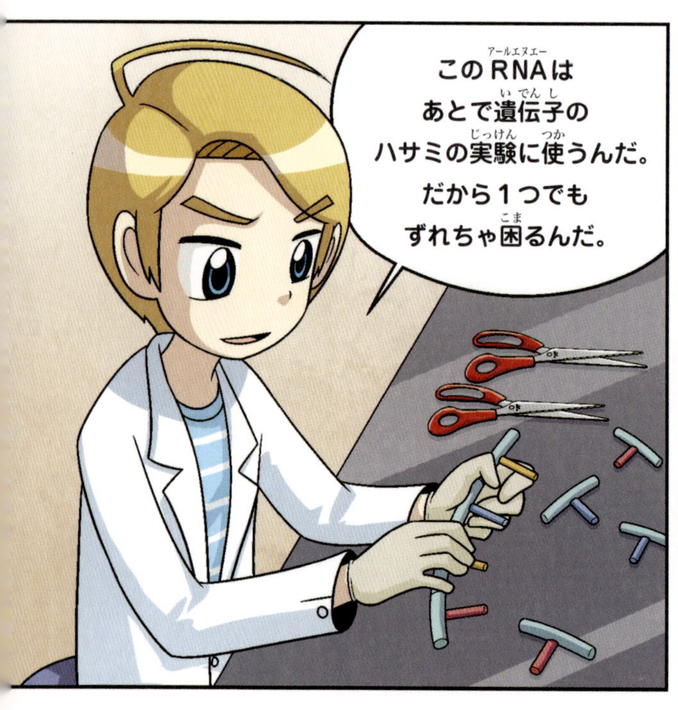
このRNAはあとで遺伝子のハサミの実験に使うんだ。だから1つでもずれちゃ困るんだ。

遺伝子のハサミ？まさか……、リンゴの遺伝子を切るってこと？

そうさ。遺伝病を起こす遺伝子や突然変異の遺伝子とか、有害な遺伝子を探してバッサリ！
遺伝病にかかった植物
有害な遺伝子……？
切ってやるんだ！
チョキン

君らが作ったDNAの模型は創造論を表現したリンゴなんだ。容易に茶色く変わる自然のままの状態さ。
リンゴが茶色になるのはポリフェノールの酸化酵素のせいだろ。
ポリフェノールは植物が自らを保護するための一種の防御物質でしょ！
人の体にもいい成分なのに、それをなくすだと？
茶色くなったリンゴを食べても味は問題ないが、損なう栄養分があるんだ。それでも茶色くなったリンゴがいい？
そ、そうではないけど……。

それに、リンゴが茶色くならなければ、経済的に大きな利益を得ることができるんだ。商品性も上がって、保管費用も減るからね。
フフッ

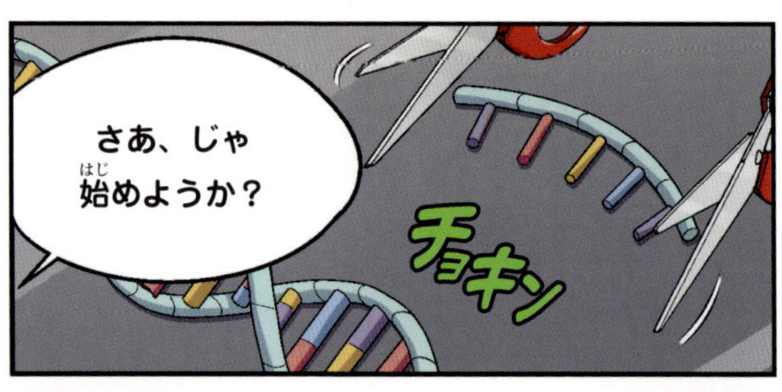
さあ、じゃ始めようか？
チョキン

待って！ 茶色くならないようにする別の方法もあるでしょ。もっと自然で安全な……。
コクッ

茶色くならない種と交配をすると、遺伝子が自然に伝わる可能性があるわ。
でも、確率的にもっと悪い種が出る可能性だってある。

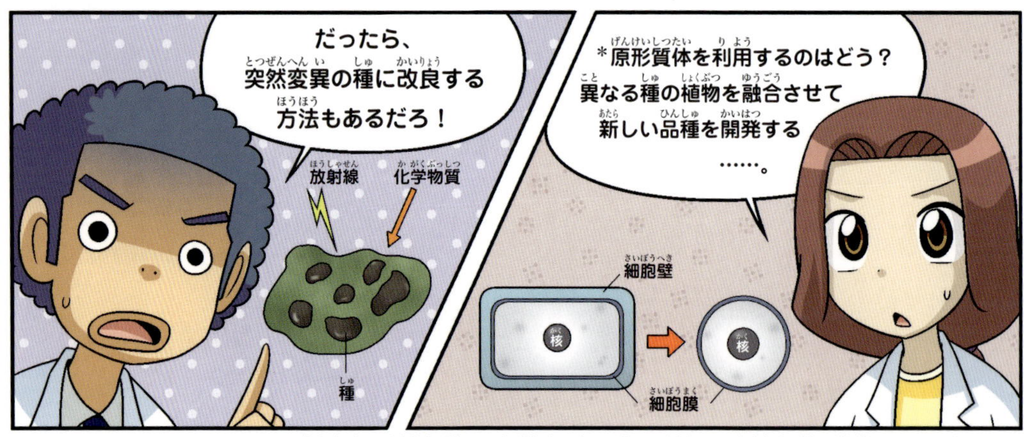
だったら、突然変異の種に改良する方法もあるだろ！
放射線
化学物質
種
＊原形質体を利用するのはどう？ 異なる種の植物を融合させて新しい品種を開発する……。
細胞壁
核
核
細胞膜

＊原形質体：植物細胞から細胞壁を取り除いた本体で、植物細胞を融合するのに使われる。

そ、そうじゃなくて……。
ただ意見を言っただけだ。
お互い意見を交換するのがいいから……。

みんなは僕のことが信じられない？
ハァ……

各自の意見は対決が終わってから思う存分、語り合おう！ 今一番大事なのは韓国Bチームに勝つことだ。このまま不名誉な噂を抱えて跡形もなく消えることはできないだろ？
すでに絶滅した多くの生物のように!!

よし。これで現実に気づいたようだね。
ニヤッ……

ピタッ……
……。

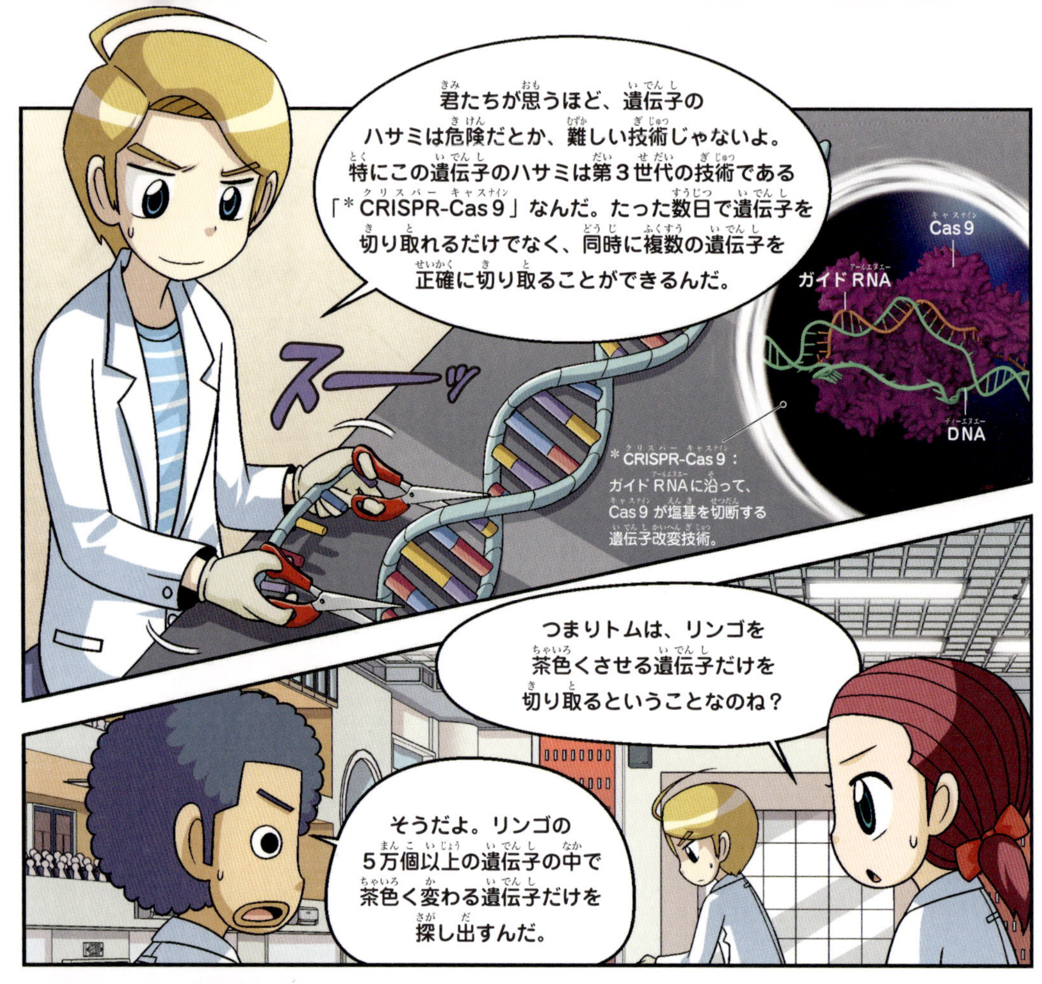
君たちが思うほど、遺伝子のハサミは危険だとか、難しい技術じゃないよ。特にこの遺伝子のハサミは第３世代の技術である「＊CRISPR-Cas９」なんだ。たった数日で遺伝子を切り取れるだけでなく、同時に複数の遺伝子を正確に切り取ることができるんだ。
スーッ
Cas９
ガイドRNA
DNA
＊CRISPR-Cas９：ガイドRNAに沿って、Cas９が塩基を切断する遺伝子改変技術。
つまりトムは、リンゴを茶色くさせる遺伝子だけを切り取るということなのね？
そうだよ。リンゴの５万個以上の遺伝子の中で茶色く変わる遺伝子だけを探し出すんだ。

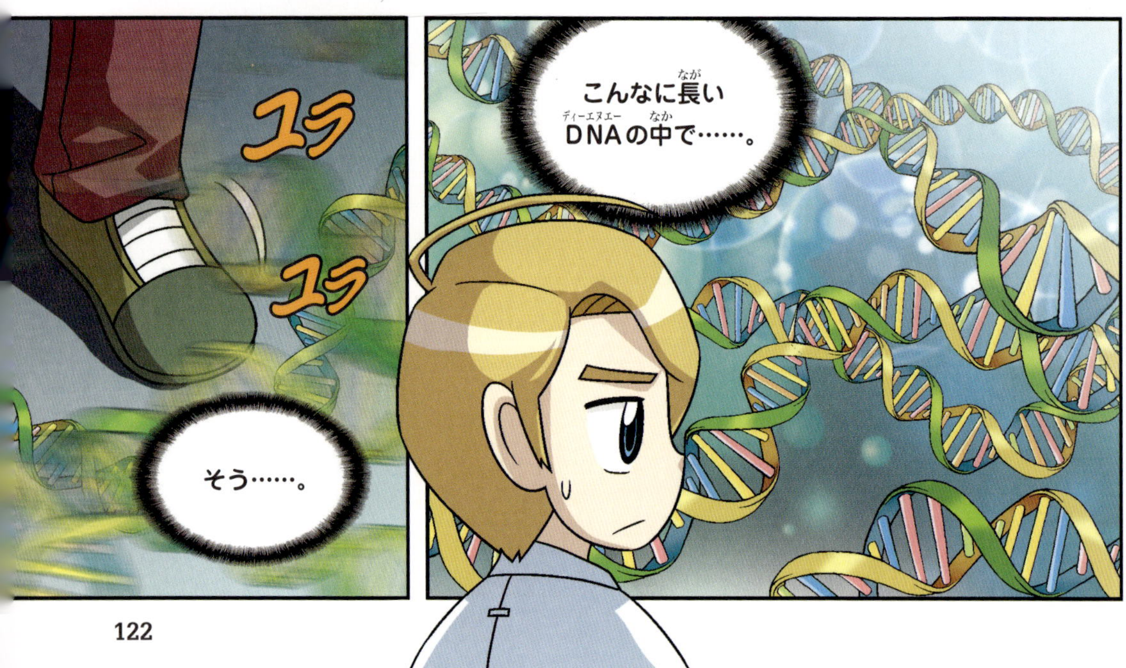
こんなに長いDNAの中で……。
ユラ
ユラ
そう……。

遺伝子のハサミのガイドRNAとピッタリのDNAを見つけなきゃ！

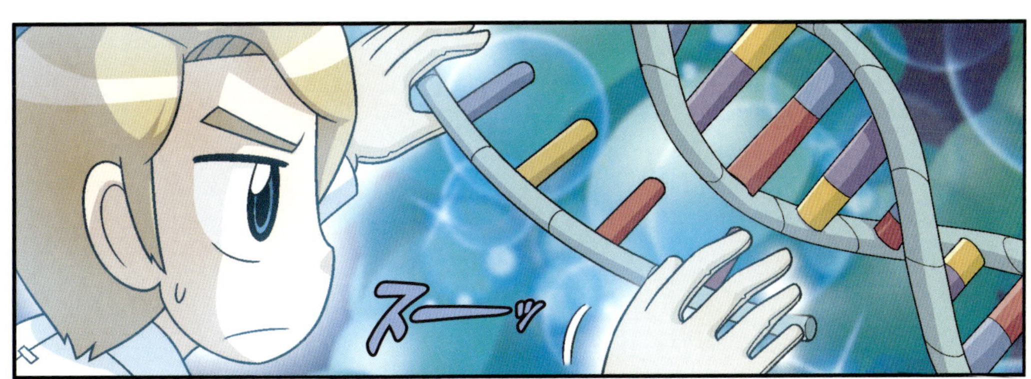
スーッ

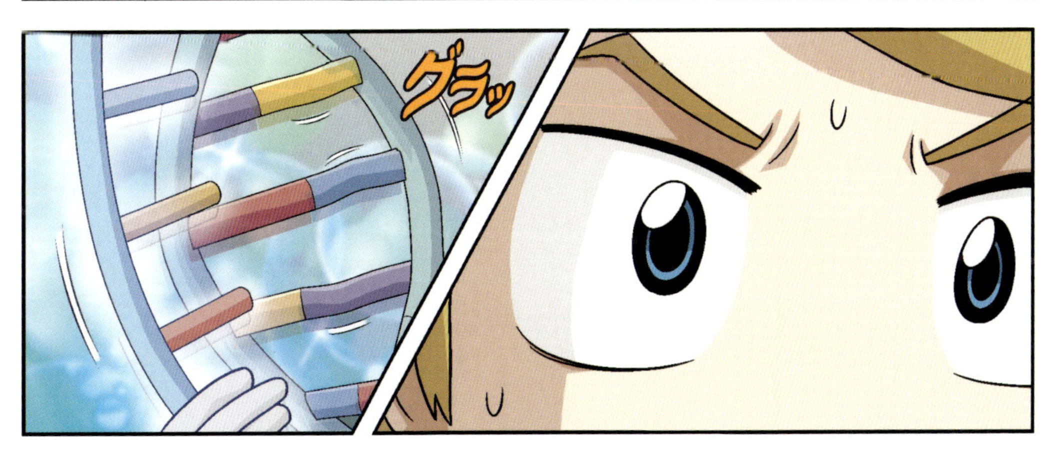
グラッ

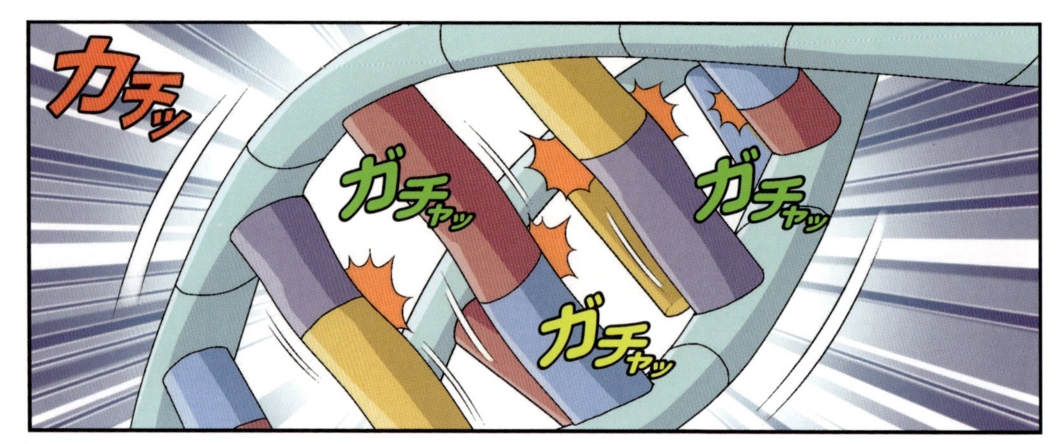
カチッ
ガチャッ
ガチャッ
ガチャッ

見つけた！ これがリンゴを茶色くさせる遺伝子だ。今からこの部分だけ……。

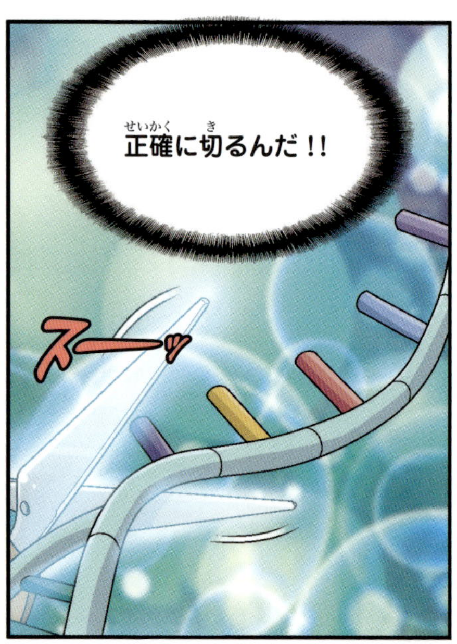
正確に切るんだ!!
スーッ

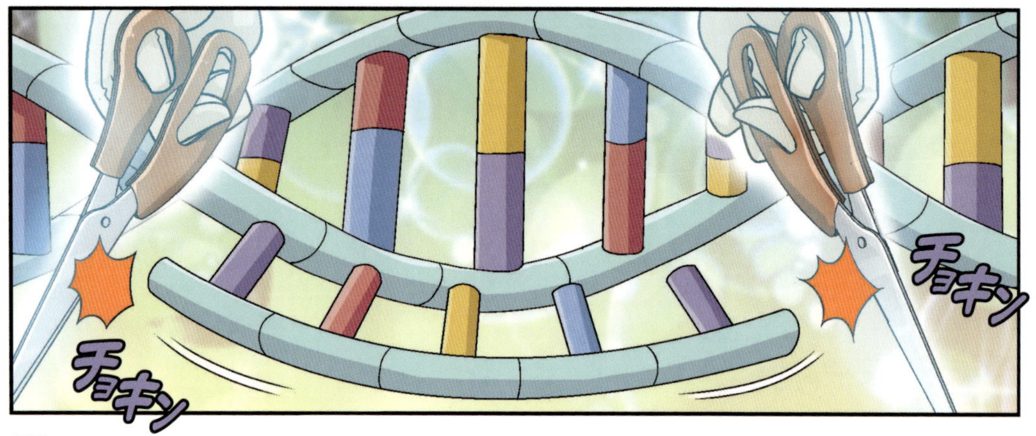
チョキン
チョキン

スズッ
成功だ！ これでこの
リンゴは茶色くならない
リンゴに「進化」したぞ!!

よし!!!
これで
残りのDNAを
結合させれば
……。
パラ
パラ

みんな見ただろ？
新しい生命の
誕生を!!
実験に成功した！
クルッ

シーン……
みんなどこにいるんだ？まさか誰もついて来れなかった？そんなに難しい実験でもないのに……。
フッ……

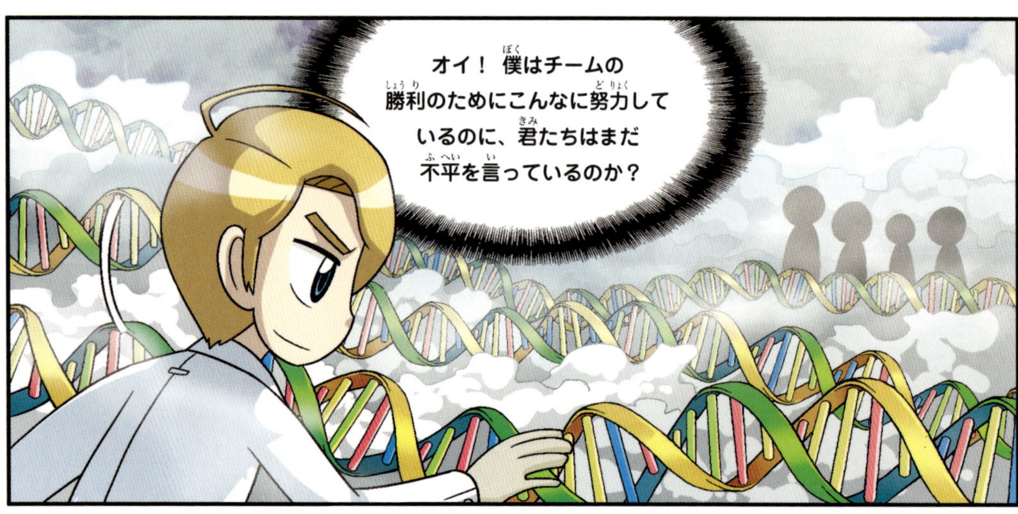
オイ！ 僕はチームの勝利のためにこんなに努力しているのに、君たちはまだ不平を言っているのか？

あれ……？

韓国Bチーム!?
ドッ

DNA模型づくり

実験報告書	
実験テーマ	遺伝情報が入っているDNAの模型をつくり、DNAの構造について理解しよう。
準備する物	❶ものさし　❷4色のストロー各4本（計16本） ❸棒2本　❹アルファベットシール　❺ビニールテープ ❻セロハンテープ　❼ハサミ 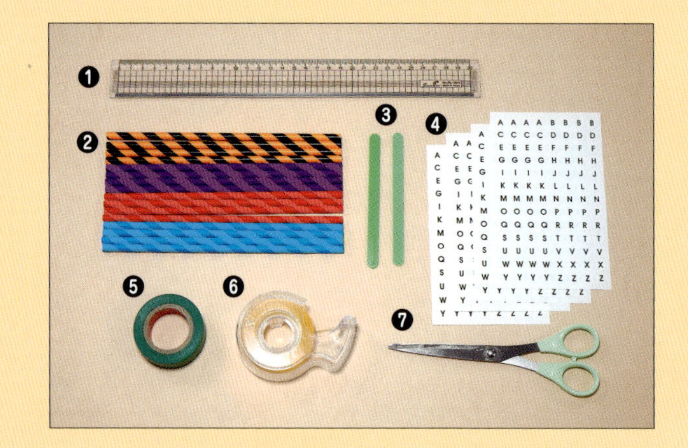
実験予想	DNA模型を観察することで、DNAの構造が理解できるでしょう。
注意事項	❶ 4種類の塩基を表現できるよう、4色のストローを利用します。 ❷ ビニールテープにストローをつけるときは、一定の間隔を保ってつけます。 ❸ アデニン（A）とチミン（T）、シトシン（C）とグアニン（G）などの塩基対がずれないように注意します。

実験方法

❶ 4色のストローを長さ4cmずつに切ります。

❷ 色別にストローの中央にA、T、C、Gのシールを貼ります。

❸ セロハンテープでAとTのストロー、CとGのストローをつなげてくっつけます。

❹ ビニールテープに一定の間隔でストローをくっつけます。このとき、A-TのストローとC-Gのストローを交互にくっつけてください。

注）実際のDNAでは、塩基がこのように規則的に出現する訳ではありません。

❺ 30cmほどになったら両端部分に棒をくっつけて、ビニールテープの上にまた別のビニールテープを貼ります。

❻両手で棒をつかみ、完成したDNA模型をひねります。

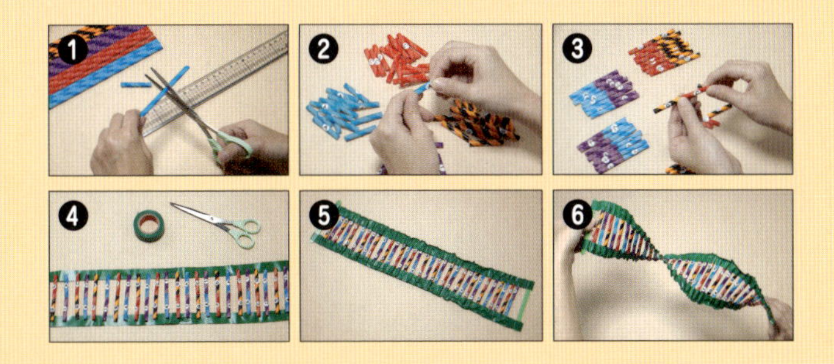

実験結果

DNA模型を通じて、塩基の配列とDNAの構造が理解できました。

どうしてそうなるの？

1つの人間の細胞に約2mの長さのDNAが入っているの。

DNAは遺伝情報を伝達する遺伝子の本体です。実験の模型のように、DNAはアデニン（A）、チミン（T）、シトシン（C）、グアニン（G）という4つの塩基で構成された二重らせん構造をしています。水素結合により、アデニンはチミンと、シトシンはグアニンと、それぞれ対を成します。生物の遺伝情報は、これらの塩基の配列の順序によって異なります。

第6話

起源と最先端の実験対決

グツ
グツ
シュー
水蒸気が管を通ってガスと混ざった！
ジ
ジジッ
そこに放電して強力なエネルギーを加えてる？
ワァァ
本当にスゴい実験だわ……！

韓国Bチームはアメリカの化学者ミラーの実験を形にしているんだ。生命の起源はまだ明らかになっていないけど、あの実験を通じて無機物から有機物が作られるという手がかりを得ることができたんだ。
サッ

強力なエネルギーを受けたガスは、管を伝って低い温度に晒され、
こうして冷却されたガスは水滴となって1カ所に集まるんだ。
ポタ ポタ
あの実験が土台になって、生命の誕生と進化に対する研究が活発になり、人類は次の段階に進むことができたの。遺伝子の研究も進んだわ。
サッ

遺伝子の存在は、1865年にメンデルによって初めてわかったの。その後、遺伝子の本体がDNAであることなどが明らかになって、遺伝子の概念が確立され始めた。
スー…

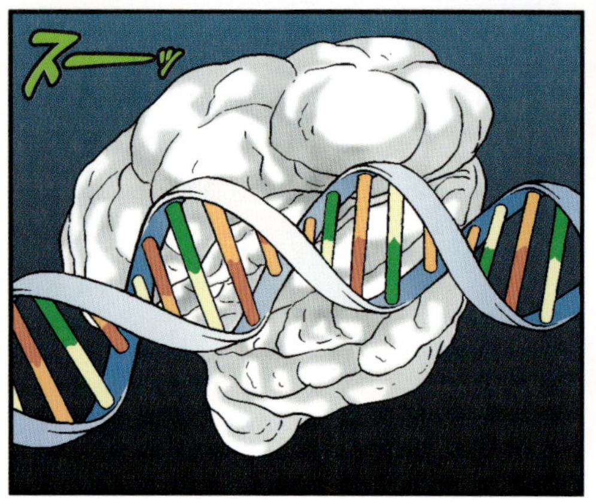
スーッ

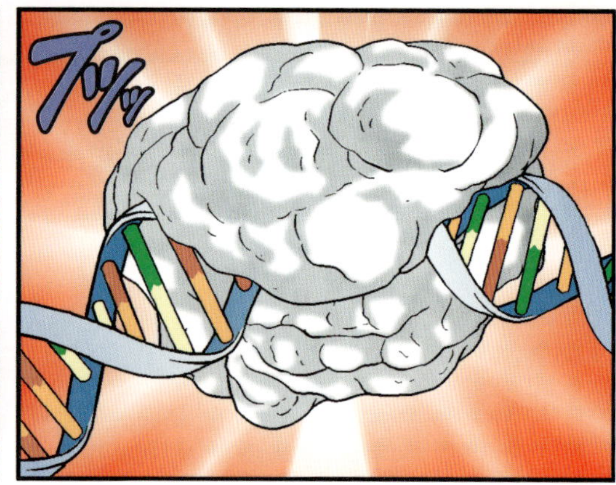
プツッ

パッ
1970年代に遺伝子を分析して操作する技術が発達し、人類は遺伝子の配列を変えたり、新しい組み合わせを作ることができるようになったんだ。アメリカチームの遺伝子のハサミ実験のようにね。
いわば最初の原始細胞と最先端の遺伝子技術の対決！?
ワァ

トン

オオ
ついに初めての生命体が誕生したの!?
恐る恐る

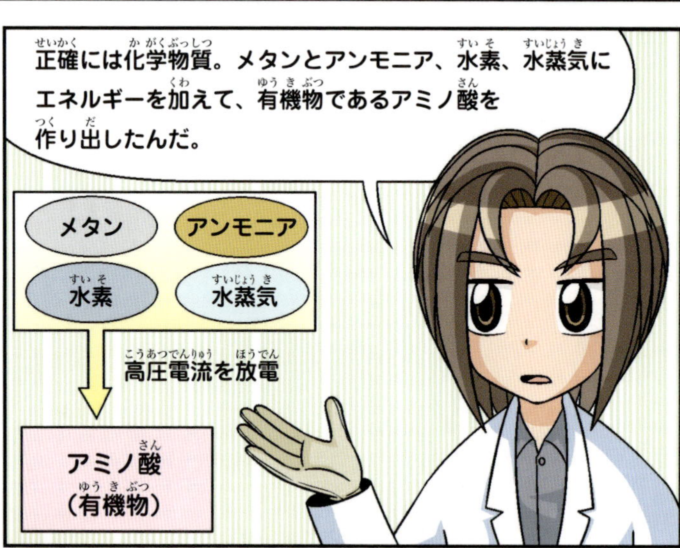
正確には化学物質。メタンとアンモニア、水素、水蒸気にエネルギーを加えて、有機物であるアミノ酸を作り出したんだ。
メタン
アンモニア
水素
水蒸気
高圧電流を放電
アミノ酸
(有機物)

ウワ
本当に気体と電気でアミノ酸を作り出せるなんて……。
理解できたの?
水素
メタン
フワ
アミノ酸
フワ
水蒸気
フワ
アンモニア

でも、ココにアミノ酸があるのはどうやってわかるんだ？
顕微鏡で見ればわかる？
アミノ酸にはいろんな種類があるんだ。だから、化学構造を把握してそれに合う検出器を利用したり……。

アミノ酸検出試薬を利用する手もあるわ。

アミノ酸検出試薬？そんなのがあるの？
エタノール95%
ニンヒドリン
あ〜、ビウレット反応！塩基性溶液中のタンパク質に硫酸銅溶液を垂らすと赤紫色に変わるだろ。アミノ酸はタンパク質を構成する物質だから……。

でも、ビウレット反応ではアミノ酸が3つ以上結合していないと検出できないの。だから、私たちはニンヒドリン溶液を使うつもりよ。
ニンヒドリン？

ニンヒドリン溶液は聞いたことがある！ ええと……、何かというと……。

主に科学捜査で指紋を検出するときに使う溶液だよ。ニンヒドリン溶液が人の汗腺から出るアミノ酸と反応すると、青紫色になるんだ。
シュッ
ニンヒドリン溶液

そうだ！ 科学捜査、それ。さすが、ウジュ様だ！
グハハ
それはウォンソが言ったことだろ？

ジロッ
イヤ、間違いなく僕が先に言った。記録しな！
そ、そう……。

分析にはクロマトグラフィーを利用するんだ。
スーッ

クロマトグラフィー？
うん。普通はウイルスや細菌を検出するときに利用されるけど、少量のアミノ酸を分析するのも可能なハズ。
クロマトグラフィー紙にニンヒドリン溶液を垂らして、有機物溶液に浸すの。
そうなんだ！じゃ、溶液がクロマトグラフィー紙を上るにつれて色が変わるんだね！
スーッ
コクッ
溶液を吸ってる！

カチッ
カチッ
よし！ 徐々に色が変わるだろうね？
さあ、見せてくれ！ 溶液の中に隠れたアミノ酸を！
カチッ

もともとこんなに長くかかる？
どうして色が変化しないんだろう？
うん！
コクッ

……。
カチッ
……。

ザワ
カチッ
韓国Bチームの実験結果が変だぞ。
どうして反応が起きないんだろう？
まさか……、失敗したんじゃ？
ザワ
もう少し待てば絶対成功するハズ。
ギュッ

待つ必要はないよ。もう成功してるから……。
フッ
エッ？あれが成功したって？
ビクッ

心配しないで。実験はうまくいってるから。
スーッ

何の変化もないのに？　これが成功なの？
結果がまだ出てないでしょ。色が変わらなくちゃいけないのに……。

僕たちが行った実験でアミノ酸が作られるためには、少なくとも１週間の時間が必要だ。それも絶えずエネルギーと水蒸気、ガスが供給される条件でね。
１週間……!?
えっ!?

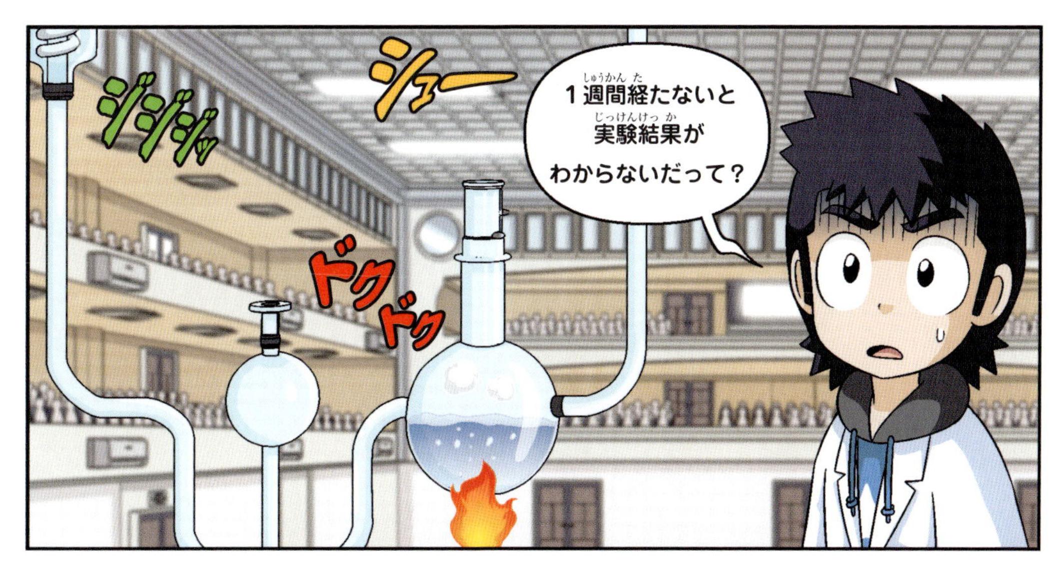
1週間経たないと
実験結果が
わからないだって？
シュー
ジジジジッ
ドクドク

そうか……！
実験が無事
終わっても、
結果がわからない
実験だったんだ。

うん。生命の
誕生はもともと
大変でしょ。
ラニも知ってたの？
コクッ

ごめん。事前に
言わなきゃいけなかった
のに……。
結果がわからない実験だって？
それも準決勝で！ どうして
先に言ってくれ
なかったの？
バタン

言ってたらこの実験を選ばなかったハズだから……。
したい実験をあきらめるかもしれないと思って事前に言わなかったんだ。
クルッ

バカだな！ そう言ってても僕たちはこの実験を選んだハズ。それが僕たちだろ！
そ、そう。僕も！
ザッ
少し迷っただろうけど……。

何だ～？ この告白は？ 実はウォンソも優勝に振り回される弱い人間って意味？
ニコッ

そうだね。ウジュとジマンはあきらめなかったハズ。そんな選択を嫌がったのはいつも僕だったから……。

ラニ。
うん？

よかった。
みんな同じ
気持ちで……。
体に
触るな！
だまされるハズ
ないだろ？
サイボーグが人間の
ふりをするなんて！！
ガバッ
ウッ

あっ……！
僕たちの代わりに
難しい選択をしてくれて
ありがとう……。
ウルッ
汚いから
向こう行け！

私はこのチームが
本当に大好き！！
うん！！
冷ややか……
ザワ
ザワ

ザワ
韓国Bチーム……、結局このまま終わるのかな？
ザワ
まさか～。実験結果が出てないだけだろ。
ザワ
それにしても韓国Bチームはすでに成功したような雰囲気だよ？
韓国Bチーム、やっぱり限界が現れたわね。
あの実験を選んだのが失敗だった。結果が出ないということは想像もしてなかったんだろう。
本当に知らなかったのかな？

まさか
いくらなんでも、実験結果が出ないことを知っていながら、あの実験を選ぶとは考えられないわ。
君だったら同じようにしてる？

韓国Bチームは危険を冒してまで実験をやり遂げたわ。そして結果を受け入れたあの表情……。あの子たちが本当に知らなかったと思う？

そうね。優勝が目前なのに、あんな冒険は……。
私だったら……。
ゴクッ
イヤ、できないさ……。僕たちは絶対あんなふうにはできなかったハズだよ。

あいつら最初は
目立たないチーム
だったのに……。
始まりは
単純だったけど、
一番美しくて華やかな姿に
進化し、今も進化
し続けている。
進化し続けている……？
そんなことって……。
トム、
韓国Bチームを
買いかぶり過ぎ
じゃないか？

だんだん目障りになってきて、
ついにはこうやって僕らを飛び越える
チームになったね。
何？ 僕らを
飛び越えた
だって！
実験だけ見ても
私たちのほうがずっと
よくできてるわ！

そうさ。
僕たちはこの対決で勝利する！そして、これからもっと強くて完璧なチームになるだろう！
僕たちは他のチームが全滅するまで進化を繰り返し、最後まで生き残るつもりさ。
ホモ・サピエンスのように！

スタ
スタ
ワァァ

でも……。
トム、待ちに待った勝利の瞬間よ。
これから結果発表みたい。
君が一番望んでいたことだろ。韓国Bチームに勝つこと！

今から韓国Bチーム対
アメリカチームの1回目の対決の
結果を発表します。
まず実験態度の点数です。
韓国Bチーム！
7.5点、6点、7点。
アメリカチーム！
8点、8.5点、8点……。
ゴクッ
実験内容の点数です。
韓国Bチーム！
8点、9点……。
アメリカチーム！
9点、8.5点……。
僕らが対決で
いくら勝ったと
しても……！！

だ、大丈夫。点数は点数に過ぎないし。いくらでも克服できる……。
実験結果が出た後に点数がもらえたらもっとよかったけど!!
ブルブル
ギュッ
スーッ
実験結果はもう出たわ。ウチのチームの生まれ変わり!
最後に実験報告書の点数は……。
ギュッ
エ……、どうりで疲れたハズだよ!! 今日、少なくとも3回は生まれ変わったワケだから! 友達のウジュ、男ウジュ、実験クラブのウジュ!!
ポッ
韓国Bチーム! 7.5点、6.5点……。
もう一度生まれ変わったら。人間のウジュに……。
僕たちは絶対韓国Bチームのようにはなれない!!
コラッ
ウォンソこそサイボーグから人間に生まれ変われば?

今日、私たちは
したい実験を選択し
ベストを尽くしたわ！
合計点が……。
時間を巻き戻せたとしても、
僕らは同じ選択をしたハズ。
シーン……
初めて実験クラブに
入ったときから夢だった
完璧なチーム!!
トム！ 早く来て。
水槽に新しい物質が
できたよ！
まったくしつこいね。
触るのも実験だろ？
ねえ、それは
触っちゃダメだよ！
あなたたち、
またケンカ
してるの？

『実験対決50』もお楽しみに。

進化に関するさまざまな学説

生き物の持つ性質や特徴が世代を超えて置き換わることを「進化」といいます。進化に関しては多くの科学者がいろいろな学説を打ち立てましたが、その中でも代表的な学説を一緒に見ていきましょう。

ラマルクの用不用説

用不用説は1809年、フランスの生物学者ラマルクが主張した学説です。よく使う器官は発達し、そうでない器官は退化して最後には消えることで進化が起きるという内容です。しかし、後天的に得た形質は遺伝しないという事実が明らかになり、現在ではラマルクの用不用説は進化を説明する学説として認められていません。

用不用説の例　もともとキリンの首は短かったが、高いところについた木の葉を食べるために首を長く伸ばすことを繰り返したことで首が長くなった。

ダーウィンの自然選択説

自然選択説は生存に有利な形質を持つ生き物だけが生き残って子孫を残し、その過程が繰り返されて進化が起きるという学説で、イギリスの自然科学者ダーウィンが19世紀後半に主張しました。自然選択説で進化が起こる過程は次の通りです。まず、自然状態で多くの個体が生まれます。その過程で個体変異と生存のための競争が起こります。このとき、生存に有利な形質を持つ個体が生き残り、その個体が子孫を残して進化が行われるというものです。

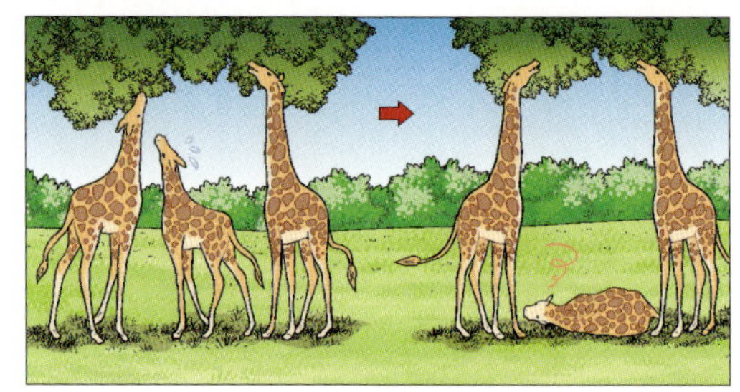

自然選択説の例　生存に有利な首の長いキリンだけが生き残り、子孫を残した。

ド・フリースの突然変異説

オランダの植物学者ド・フリースが1901年に主張した学説で、突然変異を進化のもっとも重要な原因に挙げました。ド・フリースは、オオマツヨイグサの遺伝を研究していたところ、親の系統にはなかった新しい形質が現れたことを観察し、このような形質が次の世代にも遺伝することを発見しました。これを根拠にしてド・フリースは突然変異によって新しい種が作られ、進化が起きると主張しました。しかし、突然変異はほとんどが生存に不利な方向に起きるという点と、突然変異だけでは進化を主張するのは困難であるという点が挙げられ、突然変異説に対する批判が起きました。

オオマツヨイグサ　ド・フリースによって突然変異が観察された。

現在の進化説

現在の進化説は、自然選択説、突然変異説などさまざまな学説を総合して進化を説明します。つまり、地理的隔離によって種が分化し、突然変異が起きて新しい形質を持つ個体が生まれ、環境に適応した個体だけが自然に選択されて生き残るという主張です。また、進化を１つの個体で起きる変化ではなく、個体が属す集団全体の変化と受け止めています。

❶ １つの地域に１つの種の生物が生息する。

❷ 地形的変化により生物が２つの群れに分かれる。

❸ お互いに異なる環境で生息していたところ突然変異が現れる。

❹ 突然変異中、環境に適応した個体だけが自然に選択されて残ることになる。

❺ 地形の変化によって、他の種が同じ地域に生息するようになる。

進化説の研究は今でも続いてるんだ。

日本語版編集協力　東京大学サイエンスコミュニケーションサークルCAST

㊾ 進化の対決

2024年12月30日　第1刷発行

著　者　文　ストーリーa.／絵　洪鐘賢
発行者　片桐圭子
発行所　朝日新聞出版
〒104-8011
東京都中央区築地5-3-2
編集　生活・文化編集部
電話　03-5541-8833（編集）
03-5540-7793（販売）

印刷所　株式会社リーブルテック
ISBN978-4-02-332336-0
定価はカバーに表示してあります

落丁・乱丁の場合は弊社業務部（03-5540-7800）へ
ご連絡ください。送料弊社負担にてお取り替えいたします。

Translation：HANA Press Inc.
Japanese Edition Producer：Satoshi Ikeda
Special Thanks：Kim Da-Eun / Lee Ah-Ram
(Mirae N Co.,Ltd.)

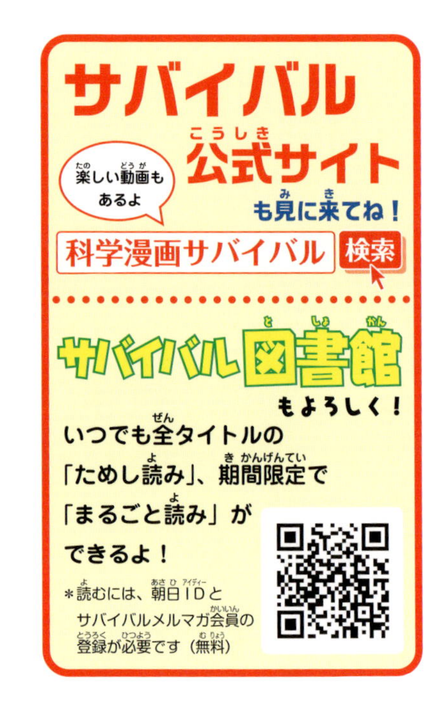

この本は広開本製本を採用しています。
株式会社リーブルテック